KB052026

조경의 미래를 묻다

조경의 미래를 묻다

초판 1쇄 펴낸날 2023년 6월 1일

엮은이 (재)환경조경나눔연구원

지은이 임승빈 강철기 권영휴 김경인 김대수 김대현 김승환 김영민 김인호
김진수 남기준 박명권 박희성 배정한 서영애 손학기 신지훈 안승홍
안인숙 양병이 오충현 유승종 이근향 이성현 이애란 이유미 이유직
이윤주 이은수 이은희 이재준 이종석 정욱주 정해준 제상우 조경진
주신하 진혜영 최영준 최정민 최혜영 최희숙 한용택 홍광표

펴낸이 박명권

펴낸곳 도서출판 한숲 / 편집 배정한 남기준 / 디자인 조진숙

신고일 2013년 11월 5일 / 출판등록 제2014-000232호

주소 서울특별시 서초구 방배로 143, 2층

전화 02-521-4626 **팩스** 02-521-4627 **전자우편** klam@chol.com

출력·인쇄 한결그래픽스

ISBN 979-11-87511-39-7 93520

* 잘못된 책은 교환해드립니다.

값 15,000원

조경의 미래를 묻다

(재)환경조경나눔연구원 엮음

도서출판

한숲

2013년, 조경을 통한 나눔과 경관 복지의 실천을 지향하며 문을 연 환경조경나눔연구원은 지난 10년간 조경 소외 계층을 위한 녹색 어메니티 지원과 조성, 지자체의 환경 복지 증진을 위한 연구와 자문, 시민 대상 조경 교육, 일상의 경관 문화 개선을 위한 세미나와 포럼 등 다양한 사업을 펼쳐왔다. 특히 2015년부터는 조경 분야 발전을 위한 장기 전략을 구상하는 담론의 장인 '미래포럼'을 운영하는 동시에 매달 '미래칼럼'을 조경계에 발신하고 있다. 연구원 뉴스레터, e-환경과조경, 한국건설신문에 동시에 게재된 이 칼럼 시리즈 집필에는 조경 학계와 실무 현장의 중견 전문가들이 참여해왔다.

2018년 7월분까지 칼럼은 『조경이 그리는 미래』(한숲, 2018)로 묶어 출간한 바 있다. 그 후속편인 이번 『조경의 미래를 묻다』는 2018년 9월부터 2022년 12월까지 52개월 동안 발표된 칼럼을 주제별로 나눠 엮은 것이다. 책을 여는 프롤로그와 닫는 에필로그에서 임승빈(환경조경나눔연구원 재단 이사장)은 조경의 미래 비전으로 신자연주의 조경과 그린 유토피아를 제시한다. 책 제목과 같은 1부 '조경의 미래를 묻다'에서 김영민, 남기준, 배정한, 서영애, 신지훈, 이유직, 조경진은 조경이라는 명칭과 조경의 정체성을 재질문하며 조경의 내일을 설계한다.

2부 '조경을 넘어 조경으로'에서 손학기, 유승종, 이유미, 정욱주, 정해준, 주신하, 최영준은 조경의 가능성을 다시 살피며 새로운 지향점을 모색한다. '변화하는 사회, 조경의 역할'이라는 주제를 담은 3부에서 김경인, 양병이, 이애란, 이윤주, 이재준, 홍광표는 급변하는 도시와 환경에 대응하는 조경의 사회적 역할을 탐색한다. 4부 '조경산업의 미래'에서는 권영휴, 김대수, 최정민, 한용택이 산업적 측면에서 조경의 앞날을 전망한다.

5부 '정원의 부활, 식물의 전성시대'에서는 정원과 식물 르네상스라 부를 만한 최근의 현상을 강철기, 박희성, 안인숙, 이근향, 이성현, 이은수, 이종석, 진혜영, 최희숙의 글을 통해 진단한다. 김승환, 김인호, 안승홍, 조경진, 최혜영은 6부 '미래의 도시공원'에서 국가도시공원, 용산공원, 학교숲 등 도시공원을 둘러싼 현안과 쟁점을 짚는다. 마지막으로 7부 '기후변화 시대의 조경'에서 김대현, 김진수, 박명권, 오충현, 이은희, 제상우는 코로나 팬데믹, 기후 위기, 탄소 중립 등 전 지구가 처한 환경 이슈를 점검하고 조경의 사명을 제시한다.

출범 50년을 넘어선 한국 조경은 기후 위기, 팬데믹, 인구 감소, 도시 쇠퇴, 디지털 전환 등이 초래한 급변의 소용돌이로 진입하고 있다. 환경조경나눔연구원 설립 10주년을 맞아 펴내는 책 『조경의 미래를 묻다』가 한국 조경의 '다음 50년'을 전망하고 예비하는 디딤돌이 되기를 소망한다.

2023년 6월 1일
(재)환경조경나눔연구원

차례

기후변화 시대의 조경

신자연주의 조경

임승빈

코로나19가 전 세계를 휩쓸어 세계인의 일상생활이 제한되고 많은 사람이 경제적 타격을 입었다. 2020년 한 해 동안 코로나19로 인한 사망자가 거의 200만 명에 이르는 팬데믹 상황이 벌어졌다. 또한 지구 온난화로 인한 홍수, 대형 산불, 저지대 침수 같은 전 지구적 재난 상황이 이어지고 있어 이에 대처하기 위한 시급한 노력이 사회 각 분야에 요구되고 있다.

우리나라 조경의 역사를 돌이켜보면, 시대적 요구에 부응해 패러다임이 변해왔다. 조경 분야 도입 초기인 1970~80년대에는 고속도로와 공단 건설 등 국토 개발로 초래된 절개지 사면과 훼손지의 미관 개선 필요성이 대두되어 이를 녹화하기 위한 시도가 주를 이뤘다. 소위 코스메틱cosmetic 조경의 시대라 할 수 있겠다.

1990년대에는 공장과 축산 농장 등의 폐수로 인한 하천 수질과 토양 오염이 사회적 이슈가 되면서 생태적 관점에서 환경을 보전할 필요성이 높아져 자연환경 보전이 조경의 중심 과제였다고 할 수 있다. 2000년대에 이르러서는 난개발로 인한 경관 훼손이 문제로 등장하면서 국토 경관 보전에도 관심이 높아졌다. 21세기 전후 시기는 자연환경과 경관 보전을 중요시한 자연 보전 조경의 시대라 할 수 있다. 또한 이 시기에는 택지 공급을 위한 1기 신도시 건설이 본격화되면서 생태적 디자인을 지향하는 아파트 조경이 조경 분야를 이끄는 새로운 수요처로 등장했다.

21세기에 진입하면서 기존 자연환경의 보전에 그치지 않고 각종 개발과 도시화로 인해 훼손된 생태계를 복원 및 재생해야 할 필요성이 대두되면서 단절된 백두대간의 복원, 야생동물 이동을 위한 생태 다리 조성, 자연형 하천 조성 사업 등이 최근까지 이어지고 있다. 이와 더불어 도시에서는 기존 건물을 모두 허물고 새롭게 짓는 재개발 혹은 뉴타운보다는 낙후된 기존 도시 조직을 복원해 재생함으로써 원주민들이 쾌적하게 살 수 있도록 서민 복지를 고려한 도시재생이 활성화되고 있다. 이처럼 복원 및 재생에서 조경의 역할이 점차 중요해지는 시점이며, 이를 복원 및 재생 조경이라 불러도 좋을 것이다. 2019년부터 서울정원박람회가 단순히 작가의 아름다운 정원을 보여주는 박람회를 넘어 골목길 재생과 접목되어 열악한 환경의 골목길에 정원을 만들고 녹화하여 골목길 환경 재생 및 개선에 초점을 맞추고 있다. 재생 조경의 좋은 사례라 할 수 있다.

특히 최근에는 지구 온난화에 따른 기후변화, 즉 홍수, 태풍, 산불, 이상 고온 등에 따른 재난이 지구적 문제로 대두되면서 재난 대비가 시급한 과제로 부상하고 있다. 이와 더불어 예기치 못한 팬데믹 사태가 발생해 세계를 강타하여 물리적 재난뿐 아니라 사회·경제적 재난에도 대비해야 하는 어려운 상황이 이어지고 있다. 더구나 백신 개발로 현재의 팬데믹 상황이 지나간다 해도 또 다른 변종 바이러스로 인한 팬데믹 가능성이 예견되고 있다. 이와 같은 지구적 재난에 대비하기 위해서는 국가 전체가 힘을 모아 준비해야 하지만, 자연 보전과 함께 환경친화적 생활 환경 건설을 주된 목표로 하는 조경 분야는 재난 극복에서 핵심 역할을 담당할 잠재력이 매우 크다. 조경 분야는 재난 시대에 부합하는 새로운 역할, 즉 재난 극복 조경을 주도적으로 준비해야 할 것이다.

지구적 재난 시대에 대비하기 위해서는 작금 발생하는 재난이 초래된 원인부터 정확하게 파악하는 것이 필요하다. 지구 온난화와 코로나19 등 재난의 주요 원인이 지구상에 인구가 늘어나고 도시화가 가속화되면서 발생한 무분별한 자연의 파괴 및 오염이라는 점은 잘 알려진 사실이다. 즉 최근의 재난은 야생동물 서식지 파괴, 비위생적 대량 가축 생산 등 자연과 동물을 배려하지 않는 인간의 이기적 활동이 만들어낸 결과다. 인간의 자업자득이라 할 수 있다.

과다한 화석연료 사용으로 인한 이산화탄소 대량 발생이 온실효과를 초래해 지구 온난화의 주범이 되었음은 주지의 사실이다. 따라서 화석연료 사용을 줄이면서 동시에 이산화탄소를 흡수하는 노력이 필요하다. 조경 분야에서는 이산화탄소 흡수를 위한 숲 조성 및 도시 녹화를 적극 추진해야 하고, 탄소발자국 줄이기의 일환으로 식재료 운반 거리 최소화를 위한 텃밭 조성 등 다양한 대처 방안을 찾아야 한다.

또한 주거지에 인접한 공원녹지를 많이 만들어 홍수, 산불, 지진 등 재난 시에 시민들을 대피시키고 분산시켜 피해를 최소화할 수 있도록 대비해야 한다. 팬데믹 대비를 위해서는 공원 등 오픈스페이스를 더 많이 만들고, 공원의 구성에서도 새로운 개념을 제시해야 할 것이다. 예를 들어 기존 공원에서는 사람들 간의 접촉 기회가 가능한 한 많아지도록 개방적으로 공간을 구성하는 것이 당연했지만, 앞으로는 팬데믹 상황이 올 경우 쉽게 분할해 사회적 거리 유지가 가능한 작은 포켓 공간으로도 이용할 수 있도록 하는 등 유연한 공간 구성이 필요할 것이다.

물리적 측면의 대응과 더불어 우리의 사고 방식에서도 근본적 변화가 요구된다. 최근의 지구적 재난에 대비하기 위해 인류의 자연관에 대한 성찰과 반성이 요구된다. '사람이 먼저다', '인간이 지구의 주인이다'와 같은 인간 우선주의 혹은 인간 우월주의가 환경 재앙을 초래하는 원흉임을 깨닫고, 인간과 지구상의 동식물 등 모든 생명체가 평등하며 지구상에서 동등한 거주 권리를 지니고 있음을 깨달아야 한다. 더 나아가 흙, 물, 공기 등 무생물도 생명체와 평등하고 동등한 거주 권리가 있음을 인정하고 받아들여야 한다. 지구상의 모든 구성 요소는 상호의존적이므로 어떤 한 요소가 고통을 겪을 경우 지구 전체의 고통으로 연결되기 때문이다. 무생물인 토양, 물, 공기가 오염되면 인간을 포함한 모든 생명체에 악영향을 미친다. 따라서 인류는 인간중심주의를 넘어 생명주의로, 더 나아가 무생물까지 포함하는 새로운 의미의 '신자연주의'로 나아가야 지구 재난의 근본적 해결 방안이 비로소 도출될 수 있을 것이다.

인간은 태초에 자연에서 태어나고 자연에서 살아왔으나 지금은 극도로 인공화된 콘크리트 정글의 도시에 살고 있어서 많은 재난에 직면하고 있다. 이러한 재난에서 벗어나기 위해서는 극도로 인공화된 도시를 자연 상태로 되돌려 놓는 것이 최선의 대안이다. 그러나 도시의 인공물을 일시에 제거하기는 불가능하므로 차선책은 기존 도시를 친환경적으로 개조하고 녹화해 도시 속에 자연을 최대한 도입하는 녹색 이상 도시, 즉 그린 유토피아Green Utopia를 만드는 것이다.

그린 유토피아는 제로 에너지 건축물, 신재생에너지 사용, 저영향개발LID로 일컬어지는 빗물 재활용, 녹시율 100%를 지향한다. 녹시율 100%는 도시 내 모든 구조물을 녹화함으로써 달성될 수 있다. 특히 건물의 지붕, 벽면, 실내, 지하 공간까지 모든 곳을 녹화해야 한다. 최근 녹화 기술 발달로 옥상과 벽면은 물론 빛이 차단된 지하 공간까지 녹화할 수 있게 되어 실내외에서 녹시율 100% 달성이 가능해졌다. 이러한 노력은 지구적 재난 시대에 조경 분야가 담당해야 할 중요한 역할이 될 것이다. 이러한 노력은 안전한 도시, 건강한 도시, 쾌적한 도시, 행복한 도시로 가는 지름길을 열어줄 것이다.

지구적 재난 극복을 위해 산업화 이전 본래의 생태적 자연으로 회귀하기 위한 노력이 필요하다. 즉 사람과 동식물, 그리고 공기, 물, 흙이 조화롭게 공존하는 그린 유토피아가 답이다. 조경가들이 주도해 바이러스와 지구 온난화로 인한 재난 극복에 앞장서야 한다. 이를 신자연주의 조경이라 불러도 좋을 것이다.

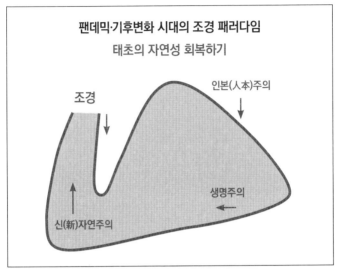

신자연주의 조경

01 ———

조경의
미래를
묻다

다시, 조경의 이름을 묻는다

배정한

행정중심복합도시 중앙녹지공간, 광교호수공원, 용산공원 등 대규모 국제 조경설계 공모 운영과 진행에 전문위원으로 참여하며 공모전 결과와 당선작에 대한 보도 자료를 작성한 적이 있다. 대부분의 신문과 방송은 보도 자료와 크게 다르지 않은 기사를 내보내면서도 유독 '조경'이나 '조경가'는 다른 용어로 고쳐 표기하곤 했다. 이를테면 "네덜란드 출신의 세계적인 조경가 아드리안 회저Adriaan Geuze의 작품이 용산공원의 미래를 그릴 설계안으로 당선되었다"는 문장에서 '조경가'는 예외 없이 다른 단어로 수정되었다. 조경전문가, 조경디자이너, 조경건축가는 그나마 조경을 남겨준 몇 안 되는 경우다. 거의 모든 언론이 아드리안 회저의 직명을 공원전문가, 공원설계가, 공원디자이너, 도시공원계획가 등으로 바꿔 적었다. 기자들과 편집자들이 조경에 무지한 탓이라고 분노할, 조경의 사회적 인식이 아직 이 정도라고 낙담할 문제가 아니다. 오히려 그들은 조경(가)으로는 의미 전달이 안 된다고 판단해 머리를 쥐어짜 새 이름을 붙였을 것이다.

　이미 익숙해서 둔감해졌지만, 여러 지자체의 조경 담당 부서 명들은 조경이라는 이름의 난맥을 단적으로 보여준다. 예를 들어 서울시의 조경 정책과 사업을 총괄하는 조직은 푸른도시국이다. 이 낭만적인 이름을 단 부서 밑에 공원조성과, 공원녹지정책과, 자연생태과, 산지방재과, 그리고 '조경과'가 있다. 조경과의 담당 업무를 찾아보면 수목 식재 사후 관리, 시설물 관리, 가로수와 녹지대, 가로변 꽃 가꾸기 정도다. '한국조경헌장'(2013)이 정의하듯 조경이 "아름답고 유용하고 건강한 환경을 형성하기 위해 인문적·과학적 지식을 응용하여 토지와 경관을 계획·설계·조성·관리하는 문화적 행위"라면, 푸른도시국은 '조경국'이어야 정상이다. 그러나 이런 생각은 조경계 안에서만 유통된다.

　대학에서 조경 교육이 시작된 1973년에도, 내가 조경학과에 입학한 1987년에도, 다시 35년이 지난 2022년에도 조경은 조경을 제대로 담지 못하는 애증의 이름이다. 예나 지금이나 전공이 조경이라고 말하면 대개는 해맑은 표정을 지으며 이렇게 반응한다. "아, 나무랑 꽃 심고 정원 만드는 거죠? 나무 많이 아시겠어요. 참 부러워요." 당대의 지성을 이끄는 어느 철학과 교수가 내 방에 불쑥 방문한 적이 있다. "처가에 땅이 좀 있는데, 무슨 나무를 심으면 유망할까요?" 한국조경학회 이름으로 용산공원 일을 맡아 진행할 때마다 의구심 가득한 눈초리를 동반한 질문을 받곤 한다. "조경학회가 이런 복합적인 도시 프로젝트를 해낼 수 있어요?"

어느 경우든 막상 대답이 궁하다. 한국조경헌장의 정의를 암송할 수는 없는 노릇이다. "아뇨, 조경은 나무 심고 돌 놓는 것만 하는 게 아니라, 공원도 설계하고 단지도 계획하고 도시 경관의 큰 골격도 짜고 그래요." 영어 단어를 조금 섞어 써도 재수 없어 하지 않거나 불편해 하지 않는 상대라면, "조경, 영어로는 랜드스케이프 아키텍처에요"라고 덧붙인다. 그러면 내 기분은 좋지 않지만 상대의 반응은 좀 낫다. 뭔가 알아듣는 표정을 지을 때가 많다.

그런데 조경에 해당하는 영어가 랜드스케이프 아키텍처일까? 그렇지 않다. 조경이 랜드스케이프 아키텍처가 아니라, 랜드스케이프 아키텍처를 한국어로 번역한 게 조경이다. 이 번역어 조경이 문제의 핵심일 수 있다. 1970년대 초반 한국 제도권 조경⁽학⁾의 창설자들은 미국식 개념 랜드스케이프 아키텍처를 수입해 고심 끝에 조경이라는 말로 옮겼다. 하지만 이 전문 분야의 역할과 가치는 새로웠던 데 반해, 분야 명칭으로 선택된 조경은 이미 다른 뜻으로 통용되던 말이었다. 1920년 이후 일간지 원문을 제공해주는 '네이버뉴스라이브러리'에서 검색해 보면 1962년부터 조경이라는 단어가 기사에 등장한다. 랜드스케이프 아키텍처와 관계없이 1960년대에 쓰인 조경이라는 말의 뜻, 말할 필요도 없다. 나무와 꽃 심고 돌 놓는 것, 관상수 재배, 가드닝 정도다.

그때나 지금이나 일상 언어에서 조경은 바로 그 조경이다. 조경을 하나의 학제discipline이자 전문 직능profession인 출발어 랜드스케이프 아키텍처의 도착어로 삼기에는 조경이라는 단어의 의미가 이미 사회적으로 굳어져 있었다. 1970년대 이후 제도권 조경은 늘 목놓아 소리치며 조경은 그게 아니라고, 다른 거라고 강변하고 주장해왔지만, 조경은 결국 조경이다. 조경은 조경이라는 말에 갇힌 셈이다. 랜드스케이프 아키텍처landscape architecture의 번역어로 선택된 조경造景. 나는 이 단어의 기표signifiant와 기의signifié가 어긋나는 현상이 한국 조경의 50년 역사를 뒤엉키게 한 원인 중 하나일 수 있다고 조심스럽게 진단한다.

한국 조경(학) 50주년을 맞은 2022년, 한국 조경의 다음 50년을 설계하는 첫걸음으로 애증이 교차하는 이름 '조경'에 대한 긴 호흡의 연구와 토론을 시작할 필요가 있다. 공감과 우려가 공존할 것이다. 반세기 지켜온 이름을 이제 와 버릴 수는 없으며 오히려 적극적인 홍보를 통해 조경의 사회·문화적 역할에 대한 대중적 인식을 개선해가야 한다는 반론이 있을 것이다. 공감은 하지만 뾰족한 대안을 찾기 쉽지 않다는 우려도 있을 것이다.

랜드스케이프 아키텍처를 다시 번역한다면, 결국 대만처럼 경관건축景觀建築인가. 중국처럼 원림건축園林建築으로 옮길 이유는 없다. 일본의 조원造園은 조경보다 협소한 느낌이다. 일부 건축가나 조경가처럼 '조경건축'이라고 쓰는 방법도 있다. 로사이의 박승진 소장이나 오피스박김의 박윤진 소장은 고심 끝에 명함에 '조경건축가'를 넣자, 적어도 '인식' 면에서는 모든 게 해결되는 걸 느꼈다고 한다. 그러나 언제나 건축에 치이는 다수 조경인들은 건축이라는 두 글자에 바로 공분하며 경관'건축'이나 조경'건축'에 강하게 반발할 게 분명하다.

이미 몇몇 대학의 학과명에서 볼 수 있듯 조경 앞에 환경이나 생태나 도시를 덧대는 것도 방법이겠지만, 그건 조경보다 더 옹색하다. 스마트 도시, 그린 인프라 같은 유행어를 섞어보자는 의견도 있을 텐데, 그건 10년도 못 갈 궁여지책, 임시방편에 불과할 것이다. 랜드스케이프 아키텍처라는 출발어를 도착어로 어떻게 번역하느냐가 중요한 게 아니라, 이참에 조경도, 랜드스케이프 아키텍처도 넘어 업역을 넓혀야 한다고, 그런 확장을 만방에 선언할 새 이름을 달아야 한다고 주장하는 그룹도 있을 것이다. 하지만 우리 땅 넓히고 싶다 고백한다고 그런 땅이 우리에게 그냥 다가올까. 여러 쟁점이 뒤얽힌 어려운 문제지만, 우선은 적확한 진단과 다각적 토론을 향해 문을 열어야 한다.

보론: 조경, 그 의미를 담기 충분한 이름인가?

월간 『환경과조경』은 2019년에 '이달의 질문' 지면을 꾸린 적이 있다. 그해 12월의 질문 '조경, 그 의미를 담기 충분한 이름인가?'에 보내온 독자들의 답은 여러모로 흥미롭다. 몇 가지 답을 조금 줄여서 아래에 붙인다.

"얼마 전 지인들과의 독서 모임에서 '번역'의 문제를 다룬 책을 주제로 토론했다. 이 질문 역시 어쩌면 번역의 문제에서 출발하고 있는지 모르겠다. '조경造景'이라는 한자어는 언제부터 이렇게 번역되어 쓰였을까. 요즘 정원, 가드닝이 뜨면서 조경이라는 말과 뒤섞여 사용되다 보니 그 뜻이 더욱 모호해진 것이 사실이다. 덩달아 조경가, 조경설계 같은 말들로도 의미 전달이 잘 안된다. 제법 긴 설명이 필요하다. 명함이나 프로필에 '조경건축가'라고 쓴 적이 있다. 딱히 정확한 표현이 아닐지라도 무슨 일을 하시냐는 질문은 좀 뜸해졌다. 번역의 문제인지 용례의 문제인지, 아무튼 이 질문은 현재진행형이다."(박승진, 디자인 스튜디오 로사이 소장)

"영국 사례로 이야기해 보고자 한다. 한국조경협회에 상응하는 영국의 단체명은 '랜드스케이프 인스티튜트Landscape Institute'다. 학과 단위로 독립된 조경학과는 셰필드 대학교가 유일한데, 학과명은 '디파트먼트 오브 랜드스케이프Department of Landscape'다. 모두 우리의 조경협회, 조경학과와 동일한 의미와 범위를 갖는다. 물론 이들이 '우리 업역을 명확하게', '학과를 지원하는 수험생들이 쉽게 인지하도록' 등의 이유로 '아키텍처'를 더한 '랜드스케이프 아키텍처 인스티튜트', '디파트먼트 오브 랜드스케이프 아키텍처'로 변화를 시도하지 않았던 건 아니다. 결과는 압도적 반대로 무산. 왜일까? 결국 우리 업역을 제한하게 될 것이다, 학제간 교육이 필요한 학생들에게 '조경'만 가르치라는 말인가 등이 다수 의견이었다. '조경'이 '조경가'의 사고와 신념의 범위를 담기에 적어도 그들 생각에는 충분하지 못했던 듯하다."(정해준, 계명대 교수)

"조경의 이름이 부끄럽다면 그것은 조경이라는 이름으로 행한 일들이 비루했기 때문일 것이며, 조경의 이름이 자랑스럽다면 그것 역시 조경이라는 이름으로 행한 일들이 찬란했기 때문일 것이다. 조경의 이름이 부끄러웠던 적도 있었고 자랑스러웠던 적도 있었다. 조경이 스스로의 의미를 담기 충분한 이름인지는 모르겠으나, 돌이켜보면 그 이름은 내가 조경의 이름으로 행한 부끄러운 일들과 자랑스러운 일들을 담기에는 충분했다."(김영민, 서울시립대 교수)

"조경의 의미를 담는 이름이 부족하기보다 그 의미를 전달하는 우리가 부족한 게 아닐까?"(조용준, CA 소장)

"고등학교 동창회에서 조경학 전공으로 박사 학위를 받았다고 하니 누군가 그런 것도 박사가 있냐고 되묻길래 당황한 기억이 있다. 1970년대 랜드스케이프 아키텍처를 번역하는 과정에서 원래 있던 '조경'이라는 말을 가져다 썼고, 이 용어가 더 넓은 범위의 토지, 도시, 경관 디자인을 포함하지는 않으니 완벽한 번역어는 아니었다. 하지만 이름이 잘못 지어졌다고 푸념하기엔 한국 조경이 태동한 이후 너무 오랜 시간이 흘렀다. 그간 우리 분야의 전문성을 제대로 대중에게 인식시키지 못한 건 아닐까. 조경이란 말이 현재 근사하게 통용되고 있다면, 과연 '조경, 그 의미를 담기 충분한 이름인가'라는 고민을 하고 있을까?"(이명준, 한경대 교수)

"우리가 아는 '조경'은 그 의미를 담기 충분한 이름이다. 그런데 그 의미 있는 이름을 쓰지 않는 조경 분야가 속속 등장하고 있다. 정원 디자이너, 랜드스케이프 아키텍트, 랜드스케이프 건축가, 경관건축가, 경관계획가, 농촌계획가, 가로시설 디자이너, 어린이놀이터 전문가 등이다. 공원 전문가와 공원 디자이너는 데뷔를 기다리고 있다. 조경가는 무엇을 해야 할까? 이름은 자신을 나타내는 방법 중 하나다. 하지만 그 이름 조경이 그가 하는 일을 한정하고 제한하는 상황이다. 그들이 생각하는 조경과 우리가 아는 것이 다르기 때문이다. 그들이 생각하는 것과 우리가 아는 조경이 같아지기 위해, 우리는 끊임없이 설명해야 한다. 우리가 공책을 연필로 부르자고 설득하는 것과 비슷한 일이 아닐까?"(최정민, 순천대 교수)

"조경이란 단어가 쓰인 지 40여 년이 지났지만 그 의미는 건설의 조경, 훼손된 경관을 꾸미는 분야로 특정 지어졌다. 조경이란 이름으로 생태복원에 참여하려 하면 생물, 생태, 환경공학 분야로부터 배척당할 수밖에 없다. 현재의 조경은 생태계 기본 원리에 따르기보다 공간을 아름답게 만드는 일에 치중하는 경향이 있기에, 환경복원 분야에 조경이란 이름으로 참여하면 전문성을 내세우기 곤란하다."(홍태식, 당시 한국생태복원협회 회장)

"명명이란 행위는 단순하지 않다. 이름을 붙인다는 것은 그저 있기만 할 뿐 인지되지 않았던 대상을 수많은 대상으로부터 선택하고 분리하여 특정한 존재로 불러내는 작업이다. 그렇기에 어떠한 대상에 이름을 붙일 때는 그의 정체성을 온전히 파악하는 일이 선행되어야 하며, 파악한 정체성을 가장 잘 드러내는 적확한 개념어를 찾는 일이 이어져야만 한다. 조경이라는 명칭이 적절한지 의문이 든다는 것은 아마도 이 용어가 지칭하는 행위의 정체성을 명확히 드러내지 못하고 있다는 인식 때문일 것이다. 그 인식은 본래부터 조경이란 용어가 실재하는 행위를 온전히 포괄하지 못했기 때문일 수도 있고, 지난 40여 년간 조경이란 분야가 다루는 영역이 확장됐기 때문일 수도 있다. 어쨌

건 조경이란 이름이 적확한 명칭이 아니라고 한다면 이를 대체할 수 있는 이름은 무엇일까? 쉽게 떠오르지 않는다. 어쩌면 적절한 이름이 없을 수도 있겠다. 하지만 조경이라는 명칭을 계속 사용하기에는 왠지 모를 아쉬움이 남는다. 인식은 변화의 시작이다. 한국 조경이 곧 50돌을 맞는다. 반세기 동안 이어져 온 한국 조경의 지난날을 돌아보고 앞으로 나아가야 할 방향을 모색하기 위해 조경이란 명칭의 적절성에 관해 본격적으로 논의를 시작해보는 것은 어떨까?"(김진환, 랩디에이치 실장)

"유튜브를 실행한다. '조경'을 검색하고, 조회순 정렬을 클릭한다. 가장 위에 위치한 영상의 제목은 '최상의 조경! 강원도 횡성군 별장 전원주택 연수원 매매.' 조회수는 무려 33만이다. 영상은 6분 정도 진행되며, 말없이 5천 평 고급 별장의 외부 공간을 살핀다. 뒤로 돌아가 스크롤을 내린다. '래미안의 클래스를 경험하라'는 제목으로 아파트 조경을 홍보하는 여섯 번째 영상과 미국의 건축평론가 세라 윌리엄스 골드헤이건의 책 『공간 혁명』을 소개하는 여덟 번째 영상을 제외하면, 대부분의 영상 제목에 '주택'과 '조경'이 함께 놓인다. 전공자가 기대하는 영상은 스크롤을 한참 내려도 찾기 어려운 걸 보니, 유튜브 세계와 전공자의 머릿속 간극은 꽤 넓어 보인다. 이제 질문에 대답해보자. '조경'은 그 의미를 담기 충분하지 않은 이름이다. 유튜브 안에서도."(이형관, 앤더스엔지니어링 차장)

조경의 명칭을 바꾸는 문제, 이제는 논의할 때다

조경진

얼마 전에 어느 원로 조경가와 오랜 시간 이야기를 나눴다. 그는 한국 조경계가 처한 상황을 걱정하며 조경의 정체성에 대한 근원적인 질문을 던졌다. 지방으로 가는 비행기 안에서 대화를 나눴는데, 창을 통해 겹겹이 펼쳐진 우리 산하의 모습이 유난히 아름다웠다. 그는 옛 선조부터 물려받은 금수강산을 잘 보존하고 관리하는 일이 조경가가 담당해야 하는 가장 중요한 사명이라는 점을 강조했다. 그러나 우리 현실에서는 조경이라는 이름 아래 진행되는 많은 프로젝트가 공간 개발과 관련된 화장술 역할에 그치고 있다. 그날 그는 국토 환경을 보존하고 관리하는 조경계획의 중요성을 역설했다. 원로 조경가의 절절한 당부는 내게 깊은 고민거리를 던져 주었다. 이 글은 선배 조경가가 던져 준 질문에 나름의 답을 찾고자 하는 시도다.

내가 조경 공부를 하면서 매력을 느낀 지점은 두 가지였다. 하나는 이안 맥하그의 『디자인 위드 네이처Design with Nature』(1969)

를 읽으며 끌린 매력인데, 조경이 지구 환경을 보존하고 관리하기 위해 지녀야 하는 생태적 가치 존중의 관점과 여러 학문 영역을 융합하는 종합화라는 속성이다. 다른 하나는 동서양 정원예술의 전통에서부터 오늘날 조경설계 프로젝트에 이르기까지 지속된 독창적이고 풍부한 스토리를 담는 디자인이다. 둘의 갈래는 유사하면서도 상이한 사고와 관점, 태도를 지닌다는 것을 깨닫게 되었다.

유학 시절 읽은 앤 휘스턴 스펀의 "경관을 전체로 보고 만들기Seeing and Making the Landscape Whole"라는 짧은 글은 필자가 느낀 두 가지 다른 세계의 간극을 잘 표현하고 있다. "현대 조경은 생태와 예술이라는 두 축에서 발전하고 진화해왔다. 이 둘은 과정과 형태 중 무엇을 중시하는가, 지역 스케일과 정원 스케일 중 어디에 주목하는가에 따라 구별된다. 두 축은 다른 특성을 지니며 때로는 갈등하는 것처럼 여겨지지만, 오히려 서로 건강한 긴장 관계를 유지할 때 조경은 사회적 존립 근거와 정당성을 확보하게 된다."

우리나라의 경우는 실천 행위로서 조경계획의 전통이 미약하다. 국토 환경의 보존과 관리라는 테제는 조경학의 정의에서부터 등장하지만, 이를 위한 실천적 처방을 고민하는 데는 크게 신경을 쓰지 못했다. 광역적 스케일의 지역계획은 대부분 맥하그식 환경 분석 방법에 근거하고 있지만, 이에 관여하는 조경가의 역할은 지극히 한정적이다. 오히려 한국 조경의 초기 정착기인 1970년대 초반에 한국조경공사가 수행했던 경주보문관광단지, 설악산국립공원 등이 광역 조경계획의 대표적이고 성공적인 사례다. 이후에는 레거시가 될 만한 조경계획 프로젝트가 눈에 잘 띄지 않는다. 전반적으로 조경이 리드하는 광역적 스케일의 조경계획이 위축된 상황이다.

프레더릭 로 옴스테드는 단지 센트럴파크만을 설계한 것이 아니라 요세미티 국립공원 계획과 나이아가라 폭포 경관계획에도 참여했다. 그는 보스턴 환상형 공원녹지 체계와 버펄로 광역녹지 체계 등을 계획함으로써 도시 그린 인프라를 구축했다. 이러한 조경계획의 전통이 전후 영국에서 이어진다. 브렌다 콜빈은 『토지와 경관Land and Landscape』(1948)에서 전후 영국 전원 경관의 보존과 관리 계획의 방향을 제시했는데, 이 책의 기본 사고는 향후 영국 농촌 보존의 근간이 되었다. 이후 브라이언 하켓과 실비아 크로우는 여러 저작에서 토지의 합리적 활용을 위해 생태적 지식을 기반으로 한 조경계획의 필요성을 역설했다. 이러한 선구적 논의는 영국의 경관 관리 관련 법과 제도를 구축하는 데 든든한 기반을 제공했다.

이러한 주장과 계획 방법은 이안 맥하그를 경유하며 미국을 중심으로 발전하게 되었고, 곧 전 세계의 이론과 방법으로 확산되었다. 중국의 위쿵젠은 생태계획의 중요성을 중국의 정치 지도자와 시장들에게 설득하여 대도시와 성, 국가 차원에서 적용했다. 그가 주도한 '중국 국가생태보안계획'(2007~2008)은 과학적 지식에 기반한 국가 규모의 생태적 조경계획이다. 최근에 천명된 시진핑의 생태 문명 건설에 대한 선언은 개발 패러다임에서 생태 보존 패러다임으로의 전격적 전환을 예고했는데, 광역적 차원의 경관 및 생태계획이 자리 잡는 데 보다 큰 힘이 될 것이라 기대된다.

최근 정원박람회를 비롯해 다양한 형식으로 정원 문화가 확산되는 것은 반가운 일이지만, 국토 경관을 보존하고 관리하는 분야로서 조경계획 분야의 영역 확장이 답보를 거듭하는 현실은 안타깝다. 조경계획 분야의 아카데미아는 존재하나, 실천 영역의 활동은 빈곤한 상황이다. 조경은 실천을 전제로 하는 실용 학문이기에 실무 분야의 발전 없는 아카데미아의 담론은 공허하다. 현재 국토 환경을 광역적 차원에서 다루는 생태계획 및 조경계획의 실무 영역이 매우 취약한 상황인데, 이를 제도화하는 노력이 필요하다. 네덜란드의 경우 국토의 기본 골격이 되는 인프라 차원에서의 조경이 공간계획이라는 영역으로 실무의 큰 부분을 차지한다. 또한 국가 차원의 조경 정책을 총괄 자문하는 국가조경고문National Landscape Advisor 제도가 있다는 것도 주목할 지점이다. 우리나라도 조경가가 농촌계획을 총괄한 사례와 복합적 공간계획을 리드한 좋은 사례들이 있다. 이러한 성과를 알리고 공유할 필요가 있다.

이제 미래 한국 조경의 역량을 국토 환경을 잘 관리하는 방향으로 전환할 필요가 있다. 지금까지 일반인들의 조경에 대한 인식은 그리 호의적이지 못하다는 점도 인정해야 할 현실이다. 화장술이나 장식적 처방이라는 부정적 관념이 조경이라는 개념 속에 자리 잡고 있기도 하다. 자연을 있는 그대로 보존하거나 생태적 가치를 구현하는 것은 조경이 지향하는 바와 거리가 멀다고 느끼는 사람도 허다하다. 대사회적 차원에서 조경이 지향하는 가치를 널리 알릴 필요가 있다. 2013년 한국조경학회가 제정한 '한국조경헌장'도 그러한 노력의 일환이다. 헌장의 본문은 조경의 가치를 자연적 가치, 사회적 가치, 문화적 가치로 구분해 천명하고 있다. 조경의 영역에서도 정책과 계획을 설계보다 앞선 행위로 규정하고 있다. 일반 대중을 상대로 한 커뮤니케이션 활동뿐 아니라 조경의 근원적 개념을 바꾸는 보다 대담한 변화가 필요하다.

　필자가 제안하는 대담한 변화는 '조경'이라는 분야 명칭을 고치는 것이다. 현재의 조경造景에는 '경관을 만든다'라는 함의가 지나치게 강하게 담겨 있다. 지을 조造가 지닌 창조라는 개념은 긍정적 측면을 지니지만, 인위적이거나 장식적 측면을 강조하면서 땅의 장소성과 자연의 생명 가치를 거스를 수 있는 여지도 또한 존재한다.

　영어권도 랜드스케이프 아키텍처landscape architecture라는 명칭에 대한 불만이 꽤 오래되었다. 프레더릭 로 옴스테드도 "랜드스케이프 아키텍처라는 비극적 명명 때문에 괴롭다"고 했고, 지오프리 젤리코도 "랜드스케이프 아키텍트는 분명히 잘못된 명명"이라고 불만을 토로했다. 경관과 건축을 묶는 영어 명칭은 일정 부문 건축과 유사하면서 동시에 구별되면서 식물과 가드닝의 영역을 극복하는 차원에서 선택되었지만 만족스러운 것은 아니었다. 오히려 프랑스의 전문 직능을 나타내는 독립적 표현으로서 원래 풍경화와 풍경 건축의 뜻에서 나온 페이자지스트 paysagiste라는 명칭이 좋은 호응을 얻고 있다.

　동아시아 3국의 경우, 랜드스케이프 아키텍처의 번역이 서로 다르다. 중국은 원림, 일본은 조원, 한국은 조경이다. 일본의 경우는 가장 보수적인데, 랜드스케이프 가드닝에 가까운 번역이다. 중국의 번역은 영어보다 포괄적으로 외연을 확대한 것으로 이해된다. 얼마 전 한중일 조경 심포지엄 참석차 우리나라에 방문한 한 중국 조경학자는 서울의 어느 조경사무실에서 설계 작품 설명을 들으며 한국에서는 조경과 경관 프로젝트를 구분한다는 점에 놀랐다고 한다. 중국에서는 모든 경관 프로젝트가 조경의 영역에 포함되어 있다고 지적했다. 아마도 원림이라는 명명이 조경이라는 명칭보다는 더 넓은 영역을 포괄한다고 보는 것이 타당할 것이다. 그러한 의미에서 조경이라는 명칭의 적실성을 깊이 있게 논의해 볼 시점이다. 2022년은 한국조경학회가 창립 50년을 맞는 해다. 한국 조경의 지난 50년을 되돌아보며 그간의 성과를 점검하고 미래의 방향을 논의해야 할 것이다. 조경의 명칭을 바꾸는 문제가 그 논의의 첫걸음이 되기를 희망한다.

조경의 미래, 조경학의 미래

김영민

업역의 조경과 학문으로서의 조경학. 우리는 조경과 조경학이 같은 미래를 꿈꾸고 있다고 믿어왔다. 그런데 과연 그러한가.

조경학은 실용 학문이다. 조경학은 법적으로 규정된 조경이라는 업역을 전제로 한다. 모든 학문이 그렇지는 않다. 이는 조경학이 순수한 학문적 목적을 추구하기보다는 특정한 실천의 업역을 위한 지식의 체계라는 것을 의미한다. 프레더릭 로 옴스테드가 조경가landscape architect라는 타이틀을 처음 쓴 것이 1863년, 조경가들의 협회인 ASLA가 설립된 것이 1899년, 최초의 조경학과가 미국에서 설립된 것이 1900년이니, 조경은 학문보다 업역이 먼저 확립된 분야다. 최초의 공식 조경가이자 여전히 최고의 조경가로 추앙받는 옴스테드가 죽을 때가 되어서야 조경학이 출발했으니, 조경의 업, 더 정확히 말하자면 설계라는 실천은 조경학이 꼭 필요한 것은 아니었다.

그렇다면 조경학은 조경의 업이 필요했던가. 조경이 처음으로 제도화된 미국의 경우 업을 뒷받침하기 위해 학이 만들어졌다고 할 수 있겠지만, 한국의 상황은 다르다. 1973년 조경학과가 처음 만들어졌을 때 건축학, 임학, 원예학 등 다양한 조경 인접 분야의 전문가들이 조경학의 기초를 세웠다. 지금도 조경학은 건축학과 농림학의 접근에 뿌리를 두고 있다. 건축학의 토대는 예술적 스튜디오 교육과 사회학적 공간 연구의 방식으로 발전했고, 임학과 원예학의 토대는 자연과학적 연구의 방향을 제시했다. 오늘날 수많은 학문의 가치를 동일하게 평가하기는 어렵기 때문에, 역설적으로 대부분의 학문은 논문의 수와 인용 지수라는 같은 기준으로 평가받는다. 조경학도 예외일 수 없다. 결국, 인용이 많이 되는 국제 학술지에 논문을 많이 실을수록 좋은 연구자다. 그리고 수준 높은 논문을 쓸 수 있는 대학원생을 많이 길러낸 교수가 좋은 교육자다. 물론 학과의 입장에서는 수업의 질과 학생 취업률도 중요하지만, 학문의 발전과 직접적 연관은 없다. 굳이 학문이 업의 직접적 혜택을 받을 일은 없다.

그래서 조경에서 업과 학의 괴리는 새삼스러운 일도 아니며 최근의 문제도 아니다. 업에서는 대학이 실무에서 필요한 능력을 갖춘 학생을 배출하지 못해 결국 재교육을 해야 한다고 불평한다. 실무적 감각도 경험도 없는 학자들이 감투를 쓰고 자문으로 들어와 오히려 업의 발목을 잡는 역할을 한다고 비판한다. 한편 학에서는 업이 타성에 빠져 늘 하던 방식대로 일한다고 생각한다. 빠르게 변화하는 학문과 기술의 발전을 업은 알지도 못하며 알 의지도 없어 위기를 자초하고 있다고 평가한다.

이럴 바에는 아예 건축학과 건축공학을 나눈 건축 쪽처럼 설계의 업과 학문, 공학의 업과 학문을 분리하자는 이야기도 나온다. 그러나 조경의 상황은 건축과 다르다. 전국 대학의 건축 관련 학과 입학생 수는 조경학의 10배다. 산업의 규모 차이는 훨씬 더 크다. 조경을 쪼개면 조경의 업도 학문도 독립적으로 유지되기 어렵다.

그렇다면 업은 업으로, 학은 학으로 별개로 본다면 어떨까. 일본은 이런 길을 택했다. 한때 우리 선배들의 책꽂이를 차지하고 있던 일본의 조경 사례들은 잊힌 지 오래다. 일본에는 조원학과를 유지한 대학이 거의 없다. 조경학은 원예, 산림, 건축, 도시, 디자인의 일부로 흡수되어 버렸다. 혹자는 이를 저성장 시대의 대안이라고, 학문적 다양성을 존중하는 모델이라고 하지만, 실상은 조경의 소멸 그 이상도, 그 이하도 아니다.

다른 대안으로 어떤 이들은 미국처럼 업이 중심이 되는 학문의 모델을 이야기한다. 그러나 한국의 상황에서 이미 그런 모델은 작동하지 않는다는 것이 증명되었다. 하버드 GSD로 대표되는 미국식 모델을 그대로 수입한 서울대학교 환경대학원은 이미 GSD와 전혀 다른 길을 가고 있다. 업과 학문의 관계와 구조, 그리고 규모가 아예 다른 미국식 모델은 한국에서 성공하기 어렵다.

한국에서 조경의 업과 학은 불편한 공존을 계속할 수밖에 없다. 실상 생각하는 미래가 다름에도 불구하고, 어느 하나의 미래를 강권할 수도, 분리할 수도 없다면, 우리에게 남은 대안은 무엇인가. 나는 유일한 대안은 서로 다른 미래 사이에 공유지대를 만드는 것이라고 생각한다. 예를 들어, 조경의 업은 설계안이 가져올 수많은 효과를 역설하면서 이를 증명할 시도를 한 번도 하지 않았다. 정말 좋은 설계안은 생태적 다양성을 높이고, 열섬현상을 줄이며, 아이들이 더 좋아하는 공간을 만드는가. 반면, 학문은 현상을 검증하고 정교하게 예측하려 했지, 창작의 영역이 가져오는 효과를 연구의 대상으로 간주한 적이 거의 없다. 그러나 현상에 대한 시뮬레이션이 가능하다면 가상의 대안에 대한 시뮬레이션도 가능하다. 우리는 조경은 예술이자 과학이라고 배워왔다. 이는 예술로서의 조경, 과학으로서의 조경, 두 개의 분리된 조경이 있는 것이 아니라, 조경은 예술이면서 동시에 과학이어야 한다는 것을 의미한다. 그렇다고 예술이 과학을 추구해야 하고 과학이 예술을 추구해야 한다는 말과는 다르다. 예술은 예술의 길을, 과학은 과학의 길을 걸어도 된다. 다만 과학이 개입할 예술의 측면을, 예술을 파악할 수 있는 과학의 방식을 함께 고민해야 한다.

나는 대학원에서 미국 경관생태학의 아버지라 칭송받는 리처드 포먼 교수의 수업을 들은 적이 있다. 수업 시간에 그에게 물었다. 왜 당신은 더 많은 연구 업적을 낼 수 있는 학교를 떠나 연구진도 구할 수 없는 디자인 대학원에 왔냐고. 그가 대답하기를, 자신이 생태학을 연구했던 이유는 생태학을 통해 더 나은 세상을 만들기 위해서였다고. 그리고 더 나은 세상을 만들기 위해서는 연구를 실천에 옮길 수 있는 조경가들에게 영향을 미치는 것이 옳다고 생각했다고. 조경의 업과 학은 더 나은 세상을 위한 미래를 준비할 공유지대를 함께 만들어야 한다.

조경의 기본에서 미래를 구한다

신지훈

장식: 조경에 대한 선입견

건축, 도시, 토목 등 관련 분야 전문가들과 함께 여러 프로젝트를 진행한 경험이 있다. 많은 경우 조경에 주어진 역할은 장식이었다. 이런 선입견은 쉽게 바뀌지 않는다. 여전히 조경에는 장식이라는 한정된 역할만 요구되고 있다.

잘 알려진 바와 같이 근현대적 의미의 조경은 프레더릭 로 옴스테드의 센트럴파크를 기점으로 시작되었다. 당시 중요한 화두는 급속한 도시 개발이 낳은 도시 문제에 대한 대응이었다. 즉 조경의 목적과 역할은 개발에 따른 도시 환경 문제의 해결이었던 것이다.

도시 환경 문제의 해결을 위해 자원의 효율적 관리, 에너지 절감, 기후 조절 등이 중요한 이슈로 부각되고 있다. 이러한 문제를 슬기롭게 헤쳐 나갈 수 있는 해법을 제시하는 것이 조경의 기본 역할이다. 나아가 인류의 일상적 삶의 영역인 도시의 문화

형성은 사회 문제 해결에도 기여할 것이다. 조경의 사회적 역할은 환경 문제에 대한 대응을 통해 형성되어 온 것이며, 그 해결책을 찾는 것이 곧 조경의 기본이라는 인식의 확대가 필요하다.

생태: 조경의 기본 철학

생태학은 생물 상호 간의 관계 및 생물과 환경의 관계를 밝혀 내고자 하는 데에서 시작되었다. 생태계를 생물과 관련된 자연환경에 한정해서 생각하기보다 인간도 자연 생태계의 일원으로 간주하면, 생태계는 자연환경과 인간의 사회를 총칭하는 의미로 확장된다. 모든 물질이 기계적이면서도 유기적으로 서로 얽혀 있는 가운데 흙, 물, 나무, 동물, 그리고 인간이 포함된 모든 존재는 상호의존적 관계를 맺고 있다. 이런 관계를 '생태계'라고 할 수 있으며, 인간의 존재 가치가 다른 생물체와 유사하다고 보는 관점을 '생태적'이라고 표현할 수 있다. 조경이 자연과 인간의 조화로운 관계를 추구하는 분야라면 생태적 사고는 조경의 기본이다. 생물 환경의 보전과 함께 물질 순환과 에너지 흐름에 바탕을 둔 자연 자원의 합리적 이용 관리는 생태 분야의 주요 과제이며, 환경 문제를 해결하기 위한 조경의 기본 정신이다.

환경: 조경의 대상

현대의 환경 문제는 생태계의 중요한 요소인 물질 순환과 에너지 흐름이 원활하지 않기 때문에 발생한다. 이는 산업혁명 이후 지구 자원을 남용한 결과라고 알려져 있다. 조경의 기본 목표는 생태계를 구성하는 요소들의 긴밀한 상호작용을 돕고 엔트로

피 조절을 통해 원활한 에너지 흐름을 확보하는 데 있으며, 궁극적으로는 지구의 환경 문제를 개선하는 데 있다.

하지만 이러한 조경 분야의 목표가 일반인들에게 직접적으로 다가가지 못하고 있다. 조경 면적의 확대가 가져오는 환경적, 사회적 이점을 인식하고 있지 못하기 때문일 것이다. 따라서 환경 문제 해결을 위한 조경 분야의 성과를 실제 체감할 수 있도록 하는 수준의 데이터가 필요하다. 최근 전 지구적으로 가장 중요한 화두는 급속한 기후변화에 대한 대응이다. 최근 여름과 같은 무더위의 원인은 거시적으로는 지구 온난화, 미시적으로는 도시 열섬현상의 합작품이다. 인간은 지면 피복을 변화시켜 중요한 기후학적 인자를 변화시킬 수 있다. 조경 면적의 확대는 기후변화에 대응하는 가장 기초적인 방법이다. 조경 면적이 1㎡ 증가할 때, 생태적 관점에서 물질 순환에 기여하는 수준과 에너지 사용량의 감소 효과는 얼마일까. 어떤 연구는 한여름 도시 내 식재지와 도로 위의 기온을 비교해 최소 2~6℃ 이상의 기온 차이가 있다는 결과를 제시한다. 일견 당연한 연구 결과로 보이겠지만, 이를 통해 외기 온도가 1℃ 낮아질 때 여름의 냉방을 위한 에너지 사용을 줄임으로써 전체 에너지 사용량의 감소를 기대할 수 있지 않을까.

그러나 국내 조경 분야에서 환경 조절과 같은 데이터의 축적량은 아직 시작 단계이며, 이를 활용한 조경 공사 관련 친환경 기술도 미비한 수준이다. 몇 해 전 조사해 본 바에 의하면, 국내에 등록된 건설 분야 친환경 기술 특허 중에서 조경 분야 특허는 매우 낮은 수치를 보인다. 매우 아쉽지만 한편으로는 당연한 결과다. 기후변화에 대응하기 위한 데이터 축적과 이를 활용한 친환경 기술은 향후 조경 분야의 중요한 이슈가 될 것이다.

경관: 조경의 결과물

경관은 조경 활동의 결과물이다. 경관이 형성되는 과정을 문화의 과정으로 이해한다면, 인간이 자연과의 상호작용을 통해 문화를 만든다는 의미다. 경관을 이야기할 때 빠질 수 없는 개념은 아름다움美이다. 하지만 겉모습만 아름다운 경관은 조경의 궁극적 기능에 비추어 볼 때 한계를 지닐 수밖에 없으며, 글 서두에서 언급했던 조경은 곧 장식이라는 선입견을 깨기 어렵다. 그렇다면 경관을 어떠한 관점으로 볼 것인가. 인간이 자연과 상호작용을 한다는 것은 자연을 지배하는 입장이 아니라 자연과 동등한 입장에서 행하는 바람직한 상호작용을 의미한다. 자연을 지배적인 입장에서 바라보면서 인류는 얼마나 많은 환경 문제를 일으켜 왔는가. 인간이 자연과의 상호작용을 통해 문화를 바람직하게 만드는 것은 조경의 대상인 환경에 대한 올바른 태도에서 비롯된다. 여기서 올바른 태도는 2000년대 이후 미국조경가협회ASLA의 조경 정의에 포함된 스튜어드십stewardship의 개념으로 이해될 수 있다. 스튜어드십은 계획과 자원 관리적 측면의 윤리를 의미하며 지속가능성에 초점을 맞추고 있다. 아름다운 경관을 만든다는 것은 예쁘게 만드는 것보다는 자연과 인간의 조화로움과 건강함을 추구한다는 것이다. 즉 아름다운 경관은 자연과 인간의 관계를 생태적 관점에서 바람직하게 다루어질 때 만들어진다.

조경의 기본은 곧 우리의 미래다

지구 온난화를 비롯한 환경과 기후 문제가 인류의 생존까지 위협하고 있다. 우리는 온고지신溫故知新이라는 성어를 자주 쓴다. 옛것을 익히고 그것을 미루어 새것을 안다는 뜻이다. 전통과 역사의 바탕 위에서 새로운 지식을 습득해야 제대로 된 앎이 될 수 있다는 말이다. 이러한 의미에서 조경의 본래 목적을 탄탄하게 하는 것은 곧 미래 조경이 지향해야 할 바를 보여주는 것이라 할 수 있을 것이다.

미래 8대 산업 중에 환경과 도시가 포함되어 있다. 도시 문제의 해결이 현대 조경의 시작이고 환경이 조경의 목적이라면, 이를 바람직하게 활용하고자 하는 조경은 곧 미래 사회에서 중요한 역할을 담당하게 될 것이다. 무엇보다도 생태적 사고에 기반을 둔 조경의 확장성은 경이로운 수준이다. 자, 이제 조경으로 무엇을 할 것인가.

'젊은 조경가' 공모를 준비하다가, 문득

남기준

사람이 없다고들 한다. 조경학과를 졸업하는 사람이 한 해 수백 명에 달하지만 조경설계사무소는 늘 구인난에 허덕인다. 한때 조경학과 졸업생들에게 설계사무소가 취업 희망 1순위였던 시절이 있었다는 사실은 잊힌 지 오래다. 일간지 사회면을 장식하는 일자리가 없다는 아우성은 먼 나라 이야기일 뿐이다. '설계 잘하는 학생=공부 잘하는 학생'의 등식도 더 이상 성립하지 않는다.

"우리 때는 공부 잘하는 학생, 그러니까 설계 잘하는 상위권 아이들 몇 명만 설계사무소에 취업할 수 있었어. 설계사무소가 많지 않았거든. 설계를 하고 싶은 학생은 많은데 자리가 많지 않으니까 결국 상위권 아이들만 설계사무소에 들어갈 수 있었지. 공무원, 공사, 건설사는 설계사무소에 취업 못 한 친구들의 차선책이었어. 그런 시절이 있었다는 게 믿겨?" 얼마 전, 직원을 새로 뽑지 못해 걱정이라는 어느 설계사무소 소장이 들려준, 오래전 이야기다.

"조경설계사무소가 꽤 늘었다. 불과 몇 년 사이의 급증이다. 공동주택단지와 턴키 프로젝트 조경설계 물량이 증가한 덕분이다. 혹자는 조경설계의 특성상 조직의 대형화에는 한계가 있기 때문에 연차가 찬 실장급의 독립이 신생 조경설계사무소의 등장을 견인하고 있다고 분석한다.…설계사무소를 새로 시작하려는 사람들이 욕망하는 것은 무엇일까? 불가피하게 독립할 수밖에 없는 여건에 내몰린 이도 있을 것이고, 주판알을 꼼꼼하게 튕겨본 결과 창업을 결심한 이도 있을 것이다. 무엇보다 자기만의 설계를 해보고 싶은 열망이 홀로서기라는 선택으로 연결된 경우가 많을 것이다."

10년 전에 썼던 글의 일부다. 30명, 50명, 100명 이상의 조경설계사무소가 등장한 시기였다. 한국 조경의 미래가 장밋빛으로 빛나던 시절이었다. 조경설계사무소만 참여할 수 있는 굵직한 공모전도 꽤 열렸고, 사회적으로 주목받는 대형 공원 프로젝트도 연이어 추진되었다. 그러나 그 기세는 그리 오래 가지 못했다.

"굳이 설계사무소에 국한하지 않더라도, 지금은 대기업과 중소기업의 연봉 격차가 너무 커졌어. 근무 환경도 천양지차고. 한쪽에서는 주 52시간 근무제를 이야기하는데, 조경설계사무소는 '그래도 예전처럼 철야는 안 한다'는 걸 내세울 수밖에 없어. 설계비가 예전 그대로이니 어쩔 수 없는 거지. 이러니 뛰어난 친구들을 뽑을 수 있겠어?"

"모두가 연봉이나 근무 환경 때문에 직업을 택하지는 않잖아? 일이 좋아서 직업을 선택하는 경우도 많지 않나?"

"그건 정말 극소수지. 뭐랄까, 요즘 설계 스튜디오는 설계하고 싶은 학생들이 없으니 '교양 설계' 같은 느낌이야. 공무원을 하거나 공사나 건설사에 들어가더라도 설계를 좀 알아야 한다고 학생들에게 읍소하는 느낌이 들 때도 있어."

"일의 매력이 아니라, 직업으로서의 조경설계의 장점은 없을까?"

"정년이 없다는 점이 장점이지. 건설사는 정년까지 근무하기가 쉽지 않잖아. 설계는 본인만 잘하면 일흔 넘어서도 할 수 있고."

이런 이야기를 들려주던 그의 표정은 대화 내용만큼 어둡지는 않았다. 여기에 옮기지는 않았지만 '그래도 설계를 재미있어하는' 씩씩한 아이들이 있다며 그 아이들에 대한 칭찬에 눈이 빛나기도 했다. 자신을 포함한 교수들의 잘못도 크다며 학생들이 '즐겁게 설계할 수 있는 환경'을 구축하지 못한 점을 안타까워했다.

"그는 '사명감? 글쎄'라고 말한다. 대신 디자인 자체의 즐거움에 대해 말한다. 단가 높고 좋은 프로젝트가 많지 않은 이때, 각자가 나름의 즐거움을 찾아야 하지 않겠냐는 것이다. 그를 만난 건 토요일 오후 그의 사무실이었는데 그는 홀로 설계를 하고 있었고, 그 시간처럼 혼자 사무실에 앉아 연필을 사각거리며 디자인할 때가 즐겁다고 한다. 무언가를 생산해 내는 즐거움. 그래서 그가 직원들한테 조언하는 건 스스로의 포트폴리오를 차근차근 만들어 가라는 것이다. 그는 자신의 회사가 언제까지 지속될

지는 알 수 없지만 각자의 포트폴리오는 지속되지 않겠냐고 한다.…그는 자기 생각을 실현할 수 있는 직업이 얼마나 있겠냐며, 조경이 그래서 좋다고 한다. 이 일을 좋아하는 사람들이 계속할 수 있도록 기회를 제공하는 것이 자신의 역할이라고 보기 때문에 방학마다 인턴을 꼭 받는다고 한다."

월간 『환경과조경』이 제정한 '젊은 조경가' 공모의 취지문을 작성하면서 읽은 김연금의 글 "요즘 애들은…그런데 당신은?"(『조경이 그리는 미래』, 한숲, 2018)의 일부다. 글쓴이의 양해를 구해 홈페이지에 게재한 공모 안내문에도 실었다. 두 가지가 인상적이었기 때문이다. "각자가 즐거움을 찾아야 하지 않겠냐"는 대목과 "이 일을 좋아하는 사람들이 계속 할 수 있도록 기회를 제공"하기 위해 무언가를 하고 있다는 점이었다. 한국 조경의 어두운 미래를 우려하는 목소리가 커지는 이때, 스스로의 작업을 즐거워하며 묵묵히 자신의 길을 걸어가는 이들보다 소중한 자산이 있을까?

"조경설계에 몸담으며, 조경을 삶으로 여긴 지 16년이 되었습니다. 조경을 함에 있어 득과 실을 따지기보다, 설계에 대한 개인의 무모한 욕심에 기대어 지금까지 작업을 하고 있습니다.… 젊은 조경가들의 약진이 필요한 때입니다. 변화의 시작은 사람이라고 생각합니다."

제1회 젊은 조경가 공모에 지원한 어느 조경가의 자기소개서 중 일부다. 스스로가 좋아서 자신의 길을 개척해가는 이들의 오늘을, 그들의 작업을 응원한다. 누군가의 말처럼 걸어가는 사람이 많아지면 그것이 곧 길이 되는 법이니까. 하지만 조경의 매력만으로는 역부족일 것이다. 길의 입구에서 잠시의 망설임도 없이 다른 길을 찾아 떠나는 이들이 대다수라면 말이다. 조금이라도 그 길을 걸어보아야 계속 걸을 만한 길인지 판단할 수 있을 테니까.

그동안 새로운 길을 내는 데에만 골몰한 나머지, 이미 지나온 길이 얼마나 탄탄한지 꼼꼼히 살피지 못한 탓일까? 변화의 시작은 결국 사람일 텐데, 길의 입구에서 다른 방향을 바라보고 있는 이들의 발걸음을 어떻게 돌릴 수 있을까? 물음표만 남긴 채 글을 닫는다. 그래도 다행이다 싶다. 아직 가야 할 길이 남아 있으니까, 함께 걷는 이들이 아직은 있으니까.

예측 불가능 시대의 조경_
제58차 세계조경가대회의
성과와 의의

서영애

2022년 8월 31일부터 9월 2일까지 '리:퍼블릭 랜드스케이프 Re:Public Landscape'라는 주제로 광주에서 제58차 세계조경가대회 IFLA World Congress가 열렸다. 2020년 말레이시아 페낭에서 열릴 예정이었던 제57차 세계조경가대회는 코로나19로 인해 2021년으로 연기되어 전면 온라인으로 개최됐다. 폐막식에서 광주에서 열릴 제58차 세계조경가대회 홍보 영상이 상영되고 대회기가 이양됐다. 2021년 초, IFLA 2022 조직위원회와 사무국이 구성되어 주제 선정, 로고 제작, 홈페이지 등을 준비하기 시작했다. 2022년 여름, 홍수와 태풍을 피해 무사히 개최되기까지 수많은 도움과 노력이 있었다. 몇 가지 키워드로 제58차 세계조경가대회를 돌아본다.

팬데믹과 불확실성
가장 큰 난제는 불확실성이었다. 준비 기간 내내 코로나19 거리

두기 방침이 시시각각 변하고 변이 바이러스가 발생하는 등 한 치 앞을 내다볼 수 없는 상황이었다. 참가자가 많을 것으로 예상되는 중국과 일본의 폐쇄적인 여행 방침으로 참가자 규모와 예산을 파악하기 어려운 점도 걸림돌이었다.

대회 개최를 앞둔 여름, 한국은 엄청난 폭우 피해를 입었으며, 유럽도 홍수와 폭염 등의 기후 재난을 겪었다. 거리두기가 완화되어 일상 회복의 희망이 보이던 시점에 다시 코로나19 확진자 수가 증가하면서 대회가 열릴 8월 말에 정점이 될 것이라는 뉴스가 보도되기도 했다.

결국 투어 코스를 축소하는 등 프로그램 조정이 불가피했으며, 중국 조경가의 기조 강연이 취소되었다. 그럼에도 국내 학계와 업계의 노력과 참여로 등록자 수가 증가하기 시작했다. 결국 40개국에서 약 1,500여 명의 조경가가 참석해 무사히 대회를 개회할 수 있었다.

글로벌 어젠다와 조경가의 역할

세계조경가협회 이사회 회의에서 제임스 헤이터 IFLA 회장은 기후변화, 식량 안보, 건강과 웰빙, 토착 문화 보존을 강조하며 조경이 실질적인 처방을 제시할 수 있다고 강조했다. 기조 강연자 앙리 바바(아장스 테르 대표)는 조경이 이끄는 도시계획의 사례를 설명했고, 크레이그 포콕(베카 디자인 스튜디오)과 김정윤(오피스박김 대표, 하버드 GSD 교수)은 조경 분야에서 탄소량을 줄이고 기후변화에 대응하는 구체적인 설계 전략과 사례를 제시했다. 그 외 강연에서도 팬데믹 이후 도시공원의 역할, 평등한 접근을 통한 사회적 책임에 대한 논의가 중요하게 다루어졌다.

제프리 젤리코 상을 수상한 아드리안 회저(West 8 대표)는 강연과 인터뷰에서 조경설계를 통해 기후변화, 토양, 수질, 적용, 생태계 자생 능력과 같은 엔지니어로서의 소양을 바탕으로 자연과 문화를 융합할 수 있다고 설명했다. 예측 불가능한 기후 위기의 시대, 지구 환경을 존중하고 삶의 질을 개선할 수 있는 전문가로서 조경가의 역할을 확인할 수 있었다.

한국 조경과 남도 문화 체험

이번 대회는 한국 조경 50년의 성과를 알리고 광주 주변의 역사와 문화를 소개하고 체험할 기회를 제공했다. 조경가 정영선을 다룬 다큐멘터리 '땅에 쓰는 시' 상영으로 한국 정원의 미학을 국내외 전문가와 학생들에게 소개했으며, 시네 토크에서 조경가와 청중의 토론이 이어졌다. 김대중컨벤션센터 전시홀에서는 한국 조경산업의 현재와 미래를 만나는 'K-랜드스케이프 아키텍처 엑스포'가 열려 시민들에게 무료로 공개됐다. 공공기관의 홍보 전시와 취업 박람회, 토크 콘서트 등이 열렸으며, 전문가와 학생들의 조경 작품 전시를 통해 한국 조경의 현주소를 공유했다.

개막일 전야인 8월 30일 저녁에는 각국 대표단을 환영하는 행사가 광주 지역 인사들의 초청으로 오가헌 고택에서 진행돼 남도 문화를 알리는 기회를 가졌다. 여러 답사 프로그램을 통해 참가자들은 광주는 물론 담양, 순천, 화순, 목포, 해남 등 전라남도의 역사 문화까지 다양하게 체험할 수 있었다.

네트워크와 미래 세대

대회 준비와 행사 진행은 학계와 업계, 교육자와 학생, 국내와 해외 그리고 지역의 협력으로 이루어졌다. 어려운 시기임에도 후원을 아끼지 않은 업체와 먼 길을 달려 온 참가자와 현장에서 땀 흘린 봉사자들이 없었다면 행사 자체가 불가능했을 것이다.

학술논문 발표 외에도 국내외 교육자, 학생, 연구자의 라운드 테이블을 통해 서로의 관심사를 논의하며 네트워킹의 계기를 마련했다. 미래 세대의 열정은 대회 전 사흘간 진행된 학생 샤레트에서도 확인할 수 있었다. 독일, 브라질, 태국, 말레이시아, 그리스, 인도네시아, 케냐, 대한민국 등 8개국에서 모인 학생들은 광주 폴리를 대상으로 한 스튜디오 작업을 통해 창의적인 아이디어를 발표하고 수상의 기쁨을 맛보았다.

광주에서 열린 제58차 세계조경가대회는 2019년 오슬로에서 개최된 제56차 세계조경가대회 이후 3년 만에 대면으로 열렸다. 비대면이 일상화된 코로나 시대에 개최한 이번 대회의 가장 큰 의미는 얼굴을 마주하고 모였다는 점과 미래 세대와 함께 조경의 가치를 확인했다는 점이다. 2022년 광주의 경험을 발판 삼아 조경의 가치와 역할이 확장되기를 기대한다. 차기 대회인 제59차 세계조경가대회는 '긴급한 상호작용Emergent Interaction'이라는 주제로 케냐의 나이로비와 스웨덴의 스톡홀름 두 도시에서 동시 개최될 예정이다. 조경가들의 창의적 도전은 앞으로도 이어질 전망이다.

지방조경의 르네상스를 기대하며

이유직

2022년은 한국 조경 50주년을 맞이한 해였다. 조경이라는 전문 분야가 제도적으로 우리나라에 정착하고 대학에 학과가 설립된 지 반세기가 된 뜻깊은 해였다. 여러 행사가 기획되고 진행되었다. 특히 2022년 8월 말 광주에서 제58차 세계조경가대회가 열려 한국 조경의 현재를 알리고 미래의 조경을 세계 조경가들과 함께 모색하는 자리를 가진 점은 주목할 만하다. 12월에는 환경조경발전재단을 중심으로 50주년 기념식이 개최되었다. 지난 50년 동안 한국 조경은 안팎으로 큰 발전을 이루었다. 내적으로는 학과 업의 폭과 깊이를 더했고, 외적으로는 영역을 확대하고 이웃 분야와 교류했으며, 주요 사회 이슈들에 의미 있는 대안을 꾸준히 제시했다. 특히 기후변화와 지속가능한 성장을 위한 대안을 모색하는 요즘 일반인들의 조경 분야에 대한 기대가 우리 스스로의 평가보다 훨씬 더 높은 점이 50주년을 맞이해 실시한 조사에서도 드러났다. 그동안의 성과를 바탕으로 한층 노력을 기울이면 다가올 50년의 조경은 더욱 발전하고 사회적 기대에 충실히 부응할 것이라 믿어 의심치 않는다.

하지만 조경 분야의 지혜와 역량을 모아야 할 부분도 적지 않다. 그중 하나가 '지방조경'의 발전이다. 조경학과 업이 서울과 수도권 중심으로 발전해온 양상에 대해 문제점이 지적되어 왔다. 세계 10위권의 선진국으로 진입한 오늘의 상황에, 지방조경의 발전은 앞으로 절대적인 과제가 아닐 수 없다. 이런 흐름 속에 지역의 몇몇 활동은 나름대로 의미 있는 성과를 거두었다. 부산과 울산은 특히 주목할 만한데, 이 자리에서 관련자들을 격려하고 그 성과를 전국의 조경인들과 나누고자 한다.

부산의 조경 분야는 한국 조경 50주년을 기념하기 위해 1년 전부터 산, 학, 관이 모여 준비를 해왔다. 지역의 대학들과 부산조경협회, 시민단체, 그리고 부산시 조경 공무원들이 정기적으로 모여 한국 조경 50주년을 맞이하는 시점에 부산 조경의 과거와 현재를 짚어보고 미래를 모색했다. 그 결과 매년 주관해온 부산조경정원박람회를 한국 조경 50주년을 기념하는 행사로 기획해 의미 있게 운영했다. 2022년 10월 20일부터 23일까지 부산시민공원을 중심으로 개최된 이 행사에 부산의 대표적인 조경 기업들과 시민들이 함께했다. 개막식에는 부산 조경의 발전에 기여해온 학계와 업계, 시민단체와 시민에게 공로상을 시상하는 등 그간의 노력을 격려하고 부산 조경의 발전을 자축했다. 부산 조경의 미래를 모색하는 전문가 심포지엄을 개최했고, 관련 내용이 지역 언론을 통해 보도되기도 했다. 특히 부산조경협회는 부산 조경 50주년을 대표하는 작품들을 선정하고 이를 출간할 예정이다. 협회는 그동안 지역 조경의 발전을 위한 활동을 꾸준하게 시행해왔다. 부산조경정원박람회를 개최해 8회에 이르도록 주관해왔을 뿐 아니라 '부산조경설계지침'을 제정해 매년 책자로 발간하고 있다. 나아가 보육원과 공공기관에 어린이놀이터를 기증하는 활동도 꾸준히 진행해 오고 있다.

울산 조경의 활동도 자랑스럽다. 울산조경협회는 2017년 자체적으로 정원박람회 형식의 정원 스토리 페어를 개최했는데, 시민들의 반응이 너무 좋아 울산시가 대표 정책으로 채택했다. 협회의 활동은 2019년 태화강국가정원 지정의 기틀을 제공했으며, 2021년에는 산림청 코리아가든쇼를 태화강국가정원에서 개최하는 데도 큰 기여를 했다. 공업도시 울산이 생태도시를 지나 정원도시로 발전해가는 결정적 역할을 한 것이다.

울산시에는 녹지정원국 내에 녹지공원과, 태화강국가정원과, 생태정원과가 있으며 구청별로 정원계도 두고 있다. 2022년 울산시는 산림청과 주한 네덜란드 대사관과 함께 태화강국가정원 국제심포지엄을 개최했는데, 협회의 활동이 중요한 한 축을 이루었다. 그 밖에도 울산조경협회는 시민정원사 양성 과정을 주관해 6기까지 배출했으며, SK의 후원으로 조성된 울산대공원에서 개최되는 장미축제 등에도 봉사 지원을 이어 오고 있다.

전환기를 맞이한 한국 조경, 오늘에 이르기까지 분명 지역에서 활동하는 수많은 지역 조경가, 동네 조경가의 수고와 노력이 그 바탕을 이루었다. 한국 조경 50주년을 맞이해 이들에게 격려와 감사의 박수를 보낸다. 다가올 50년, 더 성숙하고 활발한 지방조경의 르네상스를 기대한다.

02 ——

조경을
넘어
조경으로

슬기로운 조경 생활,
미래에도 사랑받는 조경

최영준

얼마 전 봄날, 사무실 앞에서 통화에 집중하며 걷다가 기둥형 시설물에 부딪힐 뻔했다. 전화를 끊고 평소에 주목하지 않았던 그 시설물을 잠시 눈여겨 살펴본다. 한때 유행했던 단골 조경 요소인 기둥형 조형물, 열주인지 문주인지 정확한 이름을 알지 못한다. 때로는 나란히 일자로, 때로는 원형으로 줄지어 세우기도 하는 볼라드보다는 크고 가로등보다는 작은 이 기둥을 조금 더 살펴본다. 열주라는 범주에 속하는 시설물치고 이 정도면 꽤 고급 소재를 사용하여 규모감 있게 설치된 것으로 보이지만, 십수 년 세월 앞에 철물 부분은 스테인리스강임에도 녹이 슬고 석재와 유리의 결합부는 짙은 때가 타 있다. 이제는 강화된 BF 인증의 기준 때문에 아마 앞으로는 설 자리도 없을 이 시설물에게 '그동안 고생 많았다'는 동정 어린 마음이 앞선다.

　최근 여러 도시재생 프로젝트와 재개발, 대수선 사업들을 살펴보면서 유행 또는 장식이라는 미명 아래 당시에는 나름대로 주연 역할을 한 디자인 요소들이 지금은 슬픈 모습을 하고 있음을 발견한다. 건축물을 기획하며 100년 이어갈 건물이라는 표현을 자주 듣지만, 조경의 생애주기는 생각보다 길지 않은 듯하다. 전국의 보도 포장은 지자체의 잉여 예산으로 늦가을마다 뒤집히고, 중요한 위치의 랜드마크 오픈스페이스가 정치적 판세와 그 운명을 함께하기도 한다. 개발 계획 앞에서 무참히 제거되는 수목들에게는 늘 미안한 마음이다. 슬픈 농담식 표현이지만, 시공 현장에서는 앞으로 2년만 버티면 된다며 하자 보수 기간까지만을 기약하기도 한다.

분당 쪽에서 일하고 거주하다 보니 조경 유행의 생애주기에 따라 변해온 지난 20~30년간의 흐름을 여실히 목격하게 된다. 1기 신도시 시기부터 최근 판교까지 우리나라 조경의 외연을 채워온 흐름을 시대별로 인지하게 된다. 조경공사를 구분하는 포장, 식재, 시설물 모두에서 그 유행의 변곡점들과 각 시대의 조경 아이콘과 전형이 존재해왔다는 점을, 그리고 그 진화와 퇴화의 흐름을 읽을 수 있다. 재개발이 논의에 들어선 오래된 아파트 단지는 구시대 조경의 박물관이다. 석가산과 화려한 놀이시설은 없지만, 등나무가 휘감은 퍼걸러 아래 널이 갈라진 벤치, 그 아래에는 요철로 맞물린 고압 블록이 시대의 흔적을 고스란히 담아 울퉁불퉁하지만 잡초와 함께 정겨운 분위기를 준다. 가로변으로 나오면 이제는 대세가 된 정방형 인조 화강석 투수 블록 포장이 조금은 어색한 색상 블렌딩 처리를 한 채 모던한 인상을 주려 애쓴다. 극히 소수의 석재 포장을 제외하면 이 투수 블록은 어느새 대한민국 거리 경관을 대표하는 하나의 대명사가 되었다.

식재에도 몇 번의 흐름 변화가 있었다. 경계 식재를 예로 삼아보면, 한때는 쥐똥나무와 사철, 회양목이 생울타리의 대부분이던 시기가 있었다. 겨울 경관을 신경 쓰면서 화살나무와 남천이 많이 심기더니 근래에는 자연주의식 혼합 식재를 표방한 혼식이 대세다. 시설물도 꿔다놓은 보릿자루 같은 기성품을 쓰는 경우가 대부분이었지만, 최근 완공된 한 기업 사옥에서는 자전거 거치대를 제외하곤 모두 직접 설계하고 제작한 커스텀 시설물만 설치했다. 손맛과 모르타르의 하얀 때가 묻은 벽돌 조적식 플랜터는 점점 찾아보기 힘들고, 기와 진회색이 도장된 철재 플랜터나 건식 시공이 편한 블록형 플랜터 벽이 여기저기에 쌓이고 있다.

여기서 흥미로운 사실은 조경의 외연을 구성하는 조경 팔레트의 유행과 변화가 선형적이라는 점이다. 여러 분야에서 복고retro의 시대를 넘어 이제는 신복고라는 의미의 뉴트로newtro가 최근 문화 코드가 되었는데, 일반적인 조경의 외연은 그다지 과거로 회귀하거나 과거와 유기적 관계를 맺고 진화해나가지는 않는 것으로 보인다. 외부 공간을 구성하는 소재가 늘 자연광에 노출되고, 기후와 계절의 변화를 견뎌야 하니 잦은 교체가 이루어지고, 재료의 내구성 검증이 더디기에, 성능 좋고 하자율 적은 우수한 소재가 한 번 등장하면 일괄적으로 보편화되면서 건설 환경 시장 전체 판도를 바꿔놓는 현상이 지속되어 왔다. 외부 환경에서 내구성에 취약한 조경 재료와 유행 앞에서 다분히 종속적인 조경의 생애주기는 그렇게 짧고 수동적일 수밖에 없는 운명인 것인가. 지속가능한 트렌드가 존재할 수 있는가. 능동적이고 생명력 있는 흐름은 어떻게 생성할 수 있는가. 이런 질문들을 품게 된다.

글 서두에서 전화를 받으며 열주를 피했던 그 자리로 다시 돌아가 본다. 같은 자리에서 눈을 돌리니 아마도 열주와 같은 시기에 심겼을 나무 한 그루가 싱그럽다. 공사 직후에는 분명히 주인공인 열주에 비해 크기도 작고 앙상했을 나무가 지금은 듬직한 줄기를 자랑하고 진한 녹음과 함께 그늘까지 드리우며 너른 공간을 풍성하게 채우고 있다. 생애주기가 짧은 조경 요소에 대한 투자는 완공 직후부터 하향 곡선을 그리는 데 반해, 이처럼 식재의 가치는 나무의 성숙과 함께 지속적인 상승 곡선을 이룬다. 녹음의 장기적 지속성뿐 아니라 미세먼지 저감 등 환경적 건강함과 아름다움도 가져다준다. 조경의 더 영속적인 가치는 어떤 조경 요소를 통해 발현되는 것인지, 조경 투자의 효용 가치를 장기적으로 높이려면 조경 제안이 어떤 지점에 주안점을 두어야 하는지 생각하게 한다.

어쩌면 당연하기도 한 이 짧은 생각은 조경 프로젝트를 진행하면서 식물에 대한 가치를 높이기 위해 얼마나 노력을 기울였는지 돌아보게 하는 반성의 기회가 된다. 주목도가 높은 조경 요소들에 더 큰 노력을 기울이면서 나무와 초화에 소홀하지는 않았는지, 장식적 녹화를 피한다는 변명으로 또 활용 공간의 최대화라는 목표 아래 식물들을 배경으로만 취급하지는 않았는지 돌아본다. 인공 지반 중심의 도심지 설계에서 법정 의무 식재 수량 조항을 탓했고, 설계 경제성 검토에서 커다란 교목들은 늘 삭제와 축소 1순위였으며, 식재 상세도는 매번 같은 일반 사항을 적어두는 부록처럼 취급해 왔음을 고백한다. 식물들의 연출에만 집중하고, 그들의 건강한 생육을 위한 조건과 그들 사이의 간섭과 상생을 위한 식물의 사회성을 배려했던가. 미안함이 점점 커진다.

'조경이 무엇이냐'는 질문에 '나무 심는 일'이란 대답을 가장 기피하면서 우리 조경인들이 과연 '나무 심기'를 얼마만큼 책임 있게 실행해 왔는지, 그 가치를 통시적으로 인식하는지 묻고 싶다. 충분한 식재 기반 마련을 위한 토량과 토질을 준비하고, 적절한 관수와 배수 설비를 적용하면서도 우수의 손실을 최소화하는 기술적 노력 등 건강한 나무 심기를 위한 지혜가 설계 및 시공 과정뿐 아니라 교육 현장에서도 강조되어야 한다. 조경 분야가 지구를 건강하게 하는 직능으로 인식되고 조경 공간이 더 영속적인 가치를 생산하게 하기 위해서는 '올바른 식물 생장 환경 조성'이 조경의 전문성을 키우는 일의 근본이자 조경으로 지속가능한 가치를 배양하는 길이 될 것임을 기억해야 한다.

장소에 대한 소비와 관심이 커지고 외부 공간의 구현이 그 필수 조건이자 개발의 주도적 위치를 차지하기도 하면서, 식물의 설 자리, 자연에 대한 가치가 더욱더 강조되어 간다. ESG 개발 비전이 일반화되면서 조경이 장식적 녹색 치장이 아니라 사회를 위한 가치 실현의 중심 소재가 되어가고 있다. 그리고 몇몇 선구적인 작품과 여러 프로젝트를 통한 고민의 집합적 결과물로 '자연주의'라는 키워드가 중심이 되어가는 분위기가 매우 고무적이다. 어찌 보면 조경 정체성의 본질은 도시 속에서 자연에 대한 레트로이고, 우리가 실현하는 조경 공간의 핵심은 동시대에 맞는 외부 공간의 뉴트로를 만드는 것이라고 본다. 어제도 오늘도 내일도 가장 좋은 조경이 무엇인지 고민하고 있다. 그 답은 늘 가장 본질적 가치에 대한 재발견에서 찾는다. 조경의 시작과 본질은 자연에 있고, 그 자연을 진하게 구현하여 인상적이면서도 편안하게, 그야말로 자연스럽게 경험하게 하는 조경이 가장 미래적이고 슬기로운 조경이라 믿는다.

조경은 예쁘면 되는 거 아냐_
관성의 조경을 넘어

정욱주

조경(설계)이 국내에 도입된 지 50년이 되었다. 무에서 출발해 지난 50년 동안 질적, 양적으로 괄목할 성과를 냈다고 평가되지만, 최근 10여 년간은 위기라는 단어가 자주 거론된 것도 현실이다. 돌파구를 찾는 논의도 다양했지만, 실마리를 찾지 못한 돌파구 찾기는 분야의 무기력증과 투정 거리를 증식시키게 된다. 토목은 투박하고 건축은 이기적이라고 불평한다. 무기력과 투정을 넘어설 반등의 분위기가 절실한 시점이다.

분야의 가치를 높이는 일은 멀리서 찾을 게 아니라 내부와 가까운 주변에서부터 해나가는 게 맞다. 고착화된 여러 관성, 관행, 편견을 재고하고 쉬운 것부터 차근차근 고쳐나가면서 내실을 다질 것을 제안한다.

이거 심으면 안 돼요. 문제가 생기면 당신이 책임질 거야?
버드나무 심지 말란다. 꽃가루 문제가 있단다. 자작나무 심지

62

말란다. 하자 많이 난단다. 튤립나무 심지 말란다. 넘어져서 사람 죽는단다. 은행나무 심지 말란다. 냄새난단다. 금송 심지 말란다. 일본 삘 난단다.

아주 틀린 말은 아닐 테지만, 이런 조언들이 쌓이면 결국 활용할 식물 재료가 하나도 없을 것이다. 생육 조건에 맞는다면 이식에 신경 쓸 일이지 무조건 안 된다고 할 필요는 없다. 중부 지방에 자생하는 3천여 종 식물 중 조경 공사에 쓰이는 80%의 물량이 30종 내외라는 사실은 하자를 줄이려는 노력이라기보다는 공사의 수익성을 고려한 것이라고 봐야 하지 않을까. 소재를 점점 줄여나가는 관행이 지속되면 우리의 결과물은 점점 더 획일화될 것이다.

내가 조경을 좀 아는데, 모름지기 조경은 이래야지

조경은 자연이니 조금 촌스러워야 맛이야. 조경은 곡선이지. 조경은 친환경 재료를 써야 하니 목재는 좋고 콘크리트나 금속재는 쓰면 안 돼. 문주, 소나무, 석가산이 빠지면 아파트 조경이라고 볼 수 없지. 시골 가면 흔히 있는 풀 같은 건 좋은 식물 재료라고 볼 수 없지. 눈에 확 띄는 철쭉이나 팬지 같은 게 최고지.

앞의 수종 제한은 경험에 근거한 관성이라고 치더라도, 여기에 언급한 의견들은 편견에 가깝다. 일반인뿐 아니라 분야 전문가, 관련 공무원에게서도 쉽게 들을 수 있는 훈수다. 훈수로 끝나지 않고 설계 작업의 예봉을 꺾는 경우도 빈번하게 발생한다. 수종 제한과 마찬가지로 조경의 결과물들이 편향되게 하는 원흉이다.

공사를 잘 모르시나 본데 시공은 이렇게 해야 하는 거지

모든 교목은 지하고를 2미터 이상으로 해야 하니 그 아래로 내려오는 가지는 다 전정해야 해. 교목은 나뭇가지가 겹칠 정도로 붙여 심으면 안 돼. 정원석은 수평을 딱딱 맞춰서 쌓아야지. 식재 공간은 시공이 끝나고 흙이 보이면 안 돼. 덱은 논슬립 면을 위로 가도록 해야 해. 포장은 메지 없이 하면 안 돼.

조경 시공이 한창인 현장. 전국의 농원에서 앞태 뒤태 살피며 정성스레 골라온 나무와 풀들, 채석장까지 직접 방문해서 선정한 포장재와 자연석들, 비싸지만 퀄리티를 위해 투자한 프리미엄 하드우드 덱 재료들이 집결한다. 감리 없는 최악의 경우를 상상해보자. 다양한 수형을 골라왔건만 전정을 통해 모두 동글동글해졌다. 아래로 처진 가지들은 다 전정됐다. 도면에 표현된 식재 간격은 무시되고 등 간격으로 심어졌다. 한술 더 떠서 초화류들은 마치 모내기한 것처럼 오와 열을 맞추었고, 흙이 드러나는 공간은 짙은 회색 송이로 채워졌다. 실제 현장에서 벌어지는 일이다. 이 방식이 틀렸다는 게 아니라 설계가 어떻게 되어있든 간에 이 방식으로 귀결된다는 문제를 제기하는 것이다. 감각적 감동의 기회는 의도와 디테일이 살아 있어야 경험될 수 있는데, 설계자의 의도가 현장에 없는 관행은 조경의 가치를 지속적으로 끌어내리는 데 일조할 것이다.

조경은 자연인데, 저절로 아름답게 되고 비용도 안 드는 거 아냐?

조경은 예쁘면 되는 거 아냐? 관리 비용이 없거나 최소화되는 외부 공간을 만들어주세요. 이거 물 안 줘도 사는 거죠? 조경에서 이런 것도 해요? 토목이나 건축 일 아닌가요?

조경과 자연을 일체화시키는 건 얼핏 좋은 얘기로 들릴 수도 있겠지만, 조경 무용론과 다름없다. 다 저절로 되는 판국에 조경의 전문성이 어디 있겠는가, 대중적 인식이 아직은 그러하니 결과를 내면서 꾸준하게 인식 개선에 투여하는 노력이 필요하다. 쉬운 일이 아닌데, 쉽게 보이는 게 문제다. 쉬운 일 맡기면서 큰 투자를 할 수 있겠는가.

분야의 위기를 타개하기 위한 실천으로서 내부와 주변의 관성을 극복하자는 것은 다소 소극적인 거 아니냐고 생각하겠지만, 결국 분야에 대한 인식 변화는 우리 결과물을 어떻게 드러내느냐에 그 성패가 달려 있다고 본다. 양질의 결과물은 다음 라운드 전투의 자양이 된다. 현재의 관성이 편한 설계자와 시공자에겐 다소 불편한 글일 수도 있겠으나, 조경의 미래를 걱정한다면 안주만 할 수는 없는 작금의 환경이다. 조경을 통해 양질의 정주 환경을 만드는 것이 조경 분야가 지향하는 가치라면, 이 과정에서 모든 관행과 편견에 대한 저항과 투쟁이 필수적이다. 결과를 다르게 하고 싶으면 접근을 달리해야 할 것이다. 결과가 달라지면 위상도 저절로 따라올 것이다.

지식 소매상 조경가가 필요하다

정해준

대학에서는 매년 겨울 어김없이 신입생 면접시험이 치러진다. 초보 교수는 약 10분의 면접에 차출된다. 얼마 전 면접자였던 초보 교수는 면접원이 되어 면접장으로 들어선다. 서류를 살펴보던 중 교복 차림의 학생이 들어온다. 무릎 위 가지런히 올린 떨리는 손을 바라보며 동병상련의 유대감을 느낀 초보 교수는 '가벼운' 질문을 던진다. 조경학과는 어떻게 선택하게 되었어요? 예상했던 질문에 얼굴이 밝아진 학생은 준비해온 '정답'을 말하고, 초보 교수는 곧 혼란에 빠진다. 내가 알고 있는 조경과 그들의 조경, 내가 배워온 조경과 그들이 배우고 싶은 조경, 내가 바라는 조경과 그들이 바라는 조경이 너무나 다르기에.

검색 사이트의 백과사전이 말하는 조경, 2013년의 한국조경헌장, 그리고 조경 전문지만 찾아봤더라도 초보 교수가 원한 답을 충분히 말할 수 있었을 것이다. 반나절 그들과 어울리다 착잡한 마음을 달래려 즐겨찾기에 갈무리된 웹페이지에서 '조경'

을 검색한다. 모니터 위로 조경나라 언어의 향연이 펼쳐진다. '아름답고 유용하고 건강한 환경을 형성하기 위해 인문적·과학적 지식을 응용하여 토지와 경관을 계획·설계·조성·관리하는 문화적 행위'라는 조경에 반나절 잠시 비전문가의 마음이 되어봤던 초보 교수는 현기증을 느낀다. 위원님은 조경이나 말하세요! 각종 심의에서 그래도 조경을 이해한다 생각했던 인접 분야 전문가들이 던진 황망한 지적이 뇌리를 스친다. 그럼 조경이 뭐예요?

어떤 주제로 대화가 시작되고 유지되려면 대화거리에 대한 어느 정도의 공감대가 형성되어야 한다. 식사하셨어요? 날씨가 좋네요. 딱히 궁금하지 않은 질문으로 시작되는 대화는 잠시나마 상대와 일상이 공유되는 속에 이후 대화를 위한 서사가 된다. 개봉만 하면 천만 관객이 보장된 마블 코믹스 영화 전반부도 상당 시간 캐릭터 설명에 할애한다. 조경이 오고 가는 자리에 누군가가 조경을 모르거나 조경을 다르게 알고 있다면 대화는 산으로 간다. 어쩔 수 없이 우리 주인공 조경, 그 문화적 행위를 한참 설명해야 한다. 그러나 안타깝게도 그들은 이 시간을 기다려주지 않는다.

정보의 바다에 유영하며 삶의 질과 편리함에 익숙해진 현대인은 점점 더 정보에 의존해 살아간다. 이제는 역설적으로 감당하기 힘들 정도로 불어나 소용돌이치는 정보의 홍수에 익사의 위협마저 느껴지는 시대. 수만 가지의 선택지 앞에서 어떤 것이 정말 내가 원하고 필요한 정보인지 선별하기가 막연하다. 어렵게 골라낸 정보를 다시 가공해 나의 지식으로 만들기에는 퇴화한 독해력, 귀찮은 사고 과정은 현대인에게 그대로 스트레스가 되고 있다. 대부분 '맞춤형 정보 제공'으로 포장된 포털 사이트, 소셜미디어의 알고리즘에 기대고 있지만, 과거와 비교하면 정보 편식, 더 나아가 확증 편향을 조장한다.

그러나 모르면 알고 싶어하는 지적 욕구는 인간 생존에 최소한의 것이 충족되면 찾아 나서는 다음 단계의 욕구가 아니었던가. 또 슬기로운 사회생활에는 최소한의 지식과 교양이 필요하기 마련이다. 자연스럽게 정보의 홍수에 갈 길 잃은 사람들 사이에서 누군가 친절한 안내자가 되어주길 바라는 요구가 커져왔다. 몇 해 전부터 출판 분야에서 '인문학'은 베스트셀러의 만능 키워드가 되었고, 팟캐스트, 유튜브 등 뉴미디어에서는 다양한 주제의 지적 정보 나눔이 펼쳐지고 있다. 다른 한편에서는 '알쓸신잡(알아두면 쓸데없는 신비한 잡학사전)', '차이나는 클라스', '어쩌다 어른' 등 예능과 교양 중간 형태의 프로그램이 입지가 줄어든 레거시 미디어의 대안이 되고 있다.

물론 대중의 배움에 대한 욕구는 예전에도 있었다. 다만 달라진 것이 있다면 누구나 고급 정보에 접근 가능해지면서 지식을 특권화했던 전문가의 권위가 실종된 점이다. 추락한 전문가에게 미디어 시장은 새로운 역할을 부여하며 손을 내밀었다. 대중이 필요로 하는 전문 지식의 참 의미를 선별해 전달하는 '지식 소매상', 어려운 지식을 일상의 언어로 말하며 지식과 대중을 잇는 '지식 커뮤니케이터'의 역할이다. 권위적이지 않은 모습으로 쉽고 재미있게 정보를 전달하는 전문가들이 예능형 교양 방송에 얼굴을 자주 내비치고 있다. 덕분에 얼마 전만 해도 외계

어였던 뇌과학, 양자역학, 범죄심리학은 이제 다소 친근감마저 느껴진다.

　그러나 아쉽게도 그 어떤 분야보다 대중에게 많이 노출된, 대중 친화적이어야 할 조경은 현재의 교양 프로그램 콘텐츠로 소비되지 못하고 있다. 공원과 정원을 좋아하고 요구하는 대중의 목소리에 비해, 그것이 조경가의 손을 거친 것임을 알고 있는 사람은 우리 기대만큼 되지 않는다. 조경 알리기 운동이 몇 년 전부터 이어졌음에도, 아직 조경 대중화는 우리 안에 머물러 있는 듯하다. 유튜브에 조경을 검색하면 알고리즘은 곧 '극한직업! 전원주택 조경'과 '조경으로 월 4천만 원 버는 조경의 달인'을 추천한다. 펭수가 소개하는 '꿈의 조경'은 2% 아쉽고, 국내 최초 가드닝 예능을 표방한 '가드닝 프로젝트, 꽃밭에서'는 조경계의 큰 기대와 달리 6회로 종영했다. 그렇다고 깜짝 스타 혹은 동방의 귀인이 등장해 조경 알리기를 이끌어주길 바라는 것도 요원하다.

　인접 분야인 건축과 도시를 바라본다. 그들은 어떻게 출판하면 베스트셀러, 출연하면 시청률 보장인 대중 친화적 지식인을 가지게 되었을까. 공공의 영역과 대중을 대하면서 나름의 영역 확보를 위해 오랜 기간 시행착오를 겪으며 생산한 결과물이 아닐까 한다. 도시공원 일몰제, 도시숲법, 한국판 뉴딜 등 시대는 조경의 영역과 역할에 근본적 질문을 던지고 있다. 국민 여론이 정책의 최종 잣대가 되는 대의민주주의 국가 한국에서 아직은 서툰 조경의 친 대중 행보가 아쉽기만 하다. '참 좋은데, 어떻게 표현할 방법이 없네'라는 광고 속 사장님처럼 발만 동동 구를 일이 아니다. 우리의 좋은 점, 그 문화적 행위를 대중을 향한 안목과 언어로 훈련한 '지식 소매상' 조경가가 필요하다.

전문가 지위에 있는 사람이 비전문가 대중을 일상에서 만나기는 힘들다. 그러나 조금만 생각해보면 찾아갈 수 있는 자리가 없는 것은 아니다. 학교, 지자체 문화원, 도서관, 박물관, 백화점 문화센터 등 '교양' 강좌는 조경을 알리는 또는 훈련을 위한 좋은 시작이 될 수 있다. 필자가 근무하고 있는 대학에 현재 개설된 조경 관련 교양 강좌는 필자가 여섯 학기째 강의 중인 '도시환경과 조경'이 유일하다. 반면 세계 도시 건축의 이해, 영화로 보는 도시 건축, 현대 건축 명작의 이해, 글로벌 도시와 창의적 리더, 커뮤니티 디자인 등 인접 전문 분야에서는 다양하고 재미있는 주제로 교양 강좌가 개설되고 있다.

물론 타 학과 학생과 비전문가를 대상으로 한 교양 강좌에 생각지도 못한 어려움이 따르기도 한다. 먼저 우리 안에서는 당연한 것을 그들의 언어로 풀어내야 한다. 그렇다고 교과서로 삼을 만한 조경 대중서는 찾기 힘들다. 강의 내용에 대한 반응은 단상 앞의 학생들에게 노골적으로 전달이 되고, 그들의 커뮤니티 사이트에는 숨이 턱 막힐 정도로 뼈아픈 강의평이 실시간 게시된다. 그렇기에 더욱 대학 교양 강의는 조경 지식 커뮤니케이터 양성의 유격훈련장이 될 수 있다고 본다. 현재 약 50개의 4년제 및 2년제 조경학과가 전국에 분포한다. 대학마다 조경 교양 강좌가 개설되고 매 학기 40~50명의 학생이 수강한다면, 어림잡아 매년 2,000여 명 정도의 조경 우군이 생기는 것은 덤이라 하겠다.

해를 거듭하면서 예약이 조기에 마감될 정도로 반응이 뜨거운 서울시의 '어린이 조경학교'와 '시민조경아카데미', 전국 지자체의 '시민정원사' 등 교양으로서 조경의 가능성은 어느 정도 증명되었다. 첫 번째 시즌이 종료된 젊은 조경가들이 만든 팟캐스트 '꽃길사이', 조경 실무자가 제작하는 유튜브 채널 '푼시의 조경이야기', 제주 정원에 담긴 이야기를 전달하는 KBS 제주의 '오 마이 가든' 등 시공간의 한계를 넘어서는 뉴미디어에서도 교양 조경의 시도가 이루어지고 있다. 이 모두 조경의 저변 확대는 물론 대중과 공감대를 나누는 조경가, 조경 지식 커뮤니케이터 양성의 좋은 인큐베이터가 될 것이다.

한국 조경 50주년의 역사만큼이나 조경은 튼튼한 울타리와 비옥한 토양을 가졌을까. 조경의 이용자들에게 조경은 그들이 일상생활에서 누리는 만큼 친근한가. 학령인구 감소로 소위 비인기학과의 통폐합 소식이 줄을 잇는 시점에서 미래 세대들에게 조경은 매력적인가. 조경의 확장성을 믿지만 그만큼 통합 또는 흡수에 대한 두려움이 공존한다. 조경이 사라지지 않기 위해서, 조경이 대중에게 지지받는 전문 분야로 살아남기 위해서 조경 지식 커뮤니케이터로서의 조경가가 필요하다.

온고지신, 디지털 대동여지도

손학기

일찍이 공자는 옛것을 익히고 새것을 알아가는 자세의 중요성을 온고지신溫故知新으로 표현했다. 이러한 자세는 세상이 디지털화된 현재에도 여전히 필요하다. 옛것을 익히고 새것을 알아가는 자세에 지혜를 주는 지도가 하나 있다. 바로 대동여지도大東輿地圖다. 대동여지도는 고산자古山子 김정호가 1861년 제작한 한반도 지도다. 이 지도는 산줄기와 물줄기를 표시하고 그 위에 도읍과 주요 도로를 표시해 도읍 간 거리를 알 수 있도록 했다. 현대 지형도가 도로, 건물 등 인공 구조물을 중심으로 도시를 표현한다면, 대동여지도는 산줄기와 물줄기의 자연 경계로 도읍을 표시한다는 점에서 다르다. 이 훌륭한 고지도가 전시의 대상이나 책에만 머무르는 것이 아쉽다.

자연 경계를 중심에 두고 도읍을 표시하는 대동여지도의 거시적 시각을 필요로 하는 경우가 점점 많아지고 있다. 현대 사회는 나누고 분해해서 정교화하는 것을 추구하고 있지만, 반대로 거시적 관점에서 봐야 해결되는 문제도 의외로 많다. 우리나라 산지의 보전과 이용을 정하는 산지 구분도 대표적인 경우다. 산지 구분에서는 해당 필지의 경사도와 임목 밀도를 바탕으로 보전과 이용을 구분한다. 이러한 이유로 산 정상부 또는 능선부의 완만한 지역이 개발 가능한 준보전산지가 되고, 오히려 산자락 하단부가 보전산지가 되는 역전 현상이 발생한다. 이것은 부분만 보고 전체를 못 보는 맥락적 이해가 부족할 때 일어나는 현상이다. 하지만 맥락적 이해를 한 상태에서도 이를 구체적으로 표현할 수단이 없으면 실제 적용할 수가 없다. 만약 대동여지도가 산지 구분에 사용되었다면 이러한 문제를 해결할 수 있었을 것이다.

하지만 대동여지도는 조선 시대의 고지도로, 현대적 측량에 기반을 두지 않고 제작되어 현재의 산줄기 및 물줄기와 일치하지 않는 부분이 많다. 이러한 이유로 대동여지도는 실생활에서 이용되는 것이 아니라 전시나 교과서 안에서만 존재하고 있다. 다행히 최근 한반도의 산줄기와 물줄기를 체계적으로 재조명하는 기초 연구가 산림청 R&D를 통해 이루어졌다. 이 연구를 통해 한반도의 기초적 산수 체계를 확인했다. 이를 토대로 산줄기 표준화 및 명명 등 후속 연구를 통해 조선 시대의 대동여지도가 21세기의 디지털 대동여지도로 제작될 수 있을 것으로 기대된다.

향후 디지털 대동여지도가 제작되면 실제 공간계획 단계에서 하나의 필지와 사면을 뛰어넘어 산, 집수구, 유역, 한반도 등 거시적 공간 스케일에서 맥락적 이해가 가능해질 것이다. 기후변화에 대응한 회복탄력성 높은 산지 관리뿐 아니라 통일 이후 북한의 지속가능한 개발에도 거시적 통찰력을 줄 것으로 기대된다.

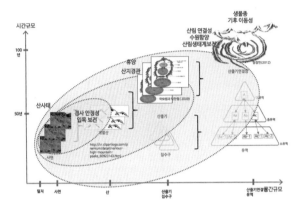

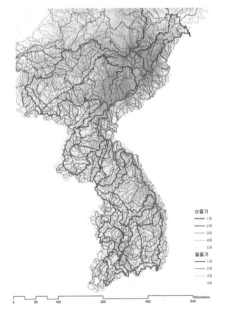

이제 경관자원이다

주신하

경관 분야에서 활동하다 보니 주변에서 다양한 이야기를 듣게 됩니다. 지자체 담당자들로부터 현장의 어려움도 듣고, 업계 종사자들에게는 구체적인 질문도 듣곤 합니다. 제가 조경 기반으로 경관을 다루다 보니 조경인들에게도 이야기를 많이 듣는데, 그중에는 조경인들이 경관에 참여하기가 쉽지 않다는 불평도 꽤 많습니다. 조경造景이 '경관景을 만드는造 일'이니 맞는 말씀이기도 한데, 그렇다고 경관 분야 일을 조경인들만 할 수 있는 것은 아니라서 반은 맞고 또 반은 맞지 않다고 답해 드리곤 합니다. 실제 '경관' 분야는 다양한 분야 간 협업을 통해 일을 진행하기 때문에 새로 공부하고 준비해야 하는 일이 많은 편입니다. 이렇게 말씀드리면 경관과 조경의 선을 긋는 것처럼 들릴 수 있겠지만, 오히려 저는 더 많은 조경인이 경관 분야에 참여했으면 하는 생각을 가지고 있습니다. 이러한 바람으로 최근 경관 분야에서 가장 관심이 많은 '경관자원'에 대해 말씀드리고자 합니다.

몇 년 전부터 경관계획 분야에서 '경관자원'이라는 말을 상당히 많이 사용하고 있습니다. 조금 어색하게 들릴 수도 있는 경관자원이라는 말은 사전적으로는 경관적으로 중요해서 관리가 필요한 대상이라는 뜻이겠지요. 연구자들이 제시한 경관자원의 정의를 종합해 보면 '지역의 경관 정체성을 나타낼 수 있는 중요한 자원으로서 시각적 요소뿐만 아니라 인문적·문화적 요소까지 포괄하는 개념으로 보전 및 관리가 필요한 대상' 정도가 될 수 있을 것 같습니다.

아름다운 경관을 보는 행위, 또는 자연환경에 적응한 인간의 문화적 산물 등으로 볼 수 있는 '경관'과 생산에 필요한 재료를 뜻하는 '자원'은 어쩐지 잘 호응이 되지 않는 것 같기도 합니다. 그런데 곰곰이 생각해 보면, 아름다운 경관이 그 아름다움을 넘어서 새로운 가치를 만들어 낼 수 있다고 생각한다면 충분히 자원이라고 볼 수 있겠지요. 실제 경관계획에서도 지역의 고유한 경관 특성을 잘 나타내는 대상을 경관자원으로 구분하고 이를 잘 보존하고 활용할 수 있는 방법을 다루고 있습니다. 또한 일반적으로 계속 소모하면 고갈되는 자원처럼 경관도 잘 관리되지 못해 훼손된다면 다음 세대가 다시 누릴 수 없기 때문에 자원이라는 용어와 잘 어울린다는 생각도 듭니다.

현재 인구 10만 명이 넘는 지방자치단체는 의무적으로 5년마다 경관계획을 수립하고 있는데, 이때 경관 현황 조사 단계에서 경관자원 조사가 진행됩니다. 경관계획수립지침에 따라 경관자원 유형별로 목록을 작성하고, 각 자원의 위치를 도면에 표시한 후에 전반적인 경관에 대한 특성과 문제점을 지적하는 방식으로 진행됩니다. 그런데 경관계획의 일부 단계로 경관자원 조사가 진행되다 보니 조사 결과의 정밀도나 정확성이 떨어지는 경우도 많았습니다. 게다가 경관자원 조사 결과는 경관계획 보고서 내에 포함되어 있어서 도시, 관광, 문화, 역사, 환경 등 충분히 경관자원을 활용할 수 있는 분야에서도 거의 활용하지 못하고 있는 실정입니다.

이러한 경관자원 조사의 한계를 개선하기 위해서 경관계획에서 경관자원 조사를 분리하는 것이 바람직하다는 의견이 지속적으로 제기되고 있습니다. 현재 정부와 관련 연구 기관이 경관법 개정을 검토하고 있는데, 경관자원 조사의 분리와 관련된 내용도 검토하고 있습니다. 지금까지는 전국적으로 유일하게 충남 당진시가 별도로 경관자원 조사를 진행해 좋은 평가를 얻고 있는데, 법이 개정되면 더 많은 지자체가 경관자원 조사를 진행할 것으로 기대합니다. 경관자원 조사 일이 많이 생길 거라고 전망할 수 있습니다.

그럼 경관자원 조사는 어떻게 진행될까요. 우선 조사 대상 경관자원을 정리하는 것을 시작으로 현장 조사, 주민 의견 수렴, 경관자원 등급화, 자료 정리 등의 순으로 진행됩니다. 어떤 대상을 조사할지 확인한 후에 현장 조사를 통해 직접 확인해 보고, 외부 조사자의 한정된 시각을 보완하기 위해 주민 의견을 들은 뒤, 자원의 중요도에 따라 구분하고 자료를 정리하는 겁니다. 세부적인 내용은 경관 분야 특성을 반영하고 있지만, 큰 흐름을 보면 조경계획 프로젝트의 현황 조사와 크게 다르지 않습니다. 제가 생각하기에 경관계획 과정 중에서 조경 전공자가 가장 참여하기 좋은 것이 바로 경관자원 조사 단계입니다. 대상지의 규모가 지자체 전역이라 조금 크기는 하지만, 다양한 유형의 경관자원을 파악하고 때로는 문제가 되는 대상을 분석하는 일은 조경계획에서 다루는 내용과 거의 같습니다. 다양한 요소를 다루어온 조경인들에겐 매우 익숙한 과정이라 다른 분야보다 훨씬 더 좋은 성과를 낼 수 있습니다. 앞서 말씀드린 당진시 경관자원 조사에 저를 비롯한 여러 명의 조경 전공자가 참여했는데, 조경계획 과정에서의 조사 경험이 큰 도움이 되었습니다.

다만, 경관자원 조사는 경관계획 체계의 일부이므로 경관자원 조사자가 경관계획 체계에 대해 충분히 이해하고 있어야 합니다. 조경인이 경관자원 조사를 제대로 수행하기 위해서는 그에 따르는 준비도 필요하다는 이야기입니다. 경관자원을 어떻게 유형화하는지, 현장 조사에서 필요한 기술과 과정은 무엇인지 미리 잘 준비해 둔다면 앞으로 많은 가능성이 있는 분야가 될 것입니다. 제가 활동하고 있는 한국경관학회에서는 이와 관련한 교육 프로그램인 '경관아카데미'를 운영하고 있는데, 조경인들도 관심을 가지면 경관자원 조사 참여에 큰 도움이 될 거라고 생각합니다.

막 15살 정도가 된 경관 분야는 한창 중년에 접어든 조경에 비하면 이제 청소년쯤 된 셈입니다. 그리고 태생적으로 다양한 분야의 사람들이 참여하는 복합적인 구조이기도 합니다. 그래서 아직 많은 분의 적극적인 참여가 필요합니다. 도시계획과 도시설계, 건축, 공공디자인 분야에서도 참여할 수 있겠지만, 저는 다른 어떤 분야보다도 조경 분야에 가능성이 많다고 생각합니다. 특히 최근 관심이 늘어난 경관자원 조사는 조경인들에게 큰 기회가 될 수 있습니다. 관심을 가지고 준비하십시오. 이제, 경관자원입니다.

진정성과 시대 지능_
시대적 가치를 창조하는
공간 디자인

유승종

근대 건축의 거장 프랭크 로이드 라이트를 모델로 한 소설 『마천루』에는 주인공이 대략 다음과 같은 말을 외치는 장면이 나온다. "철근콘크리트 공법이란 것이 나왔습니다. 새롭고 혁신적인 유리라는 소재가 나왔습니다. 이제 이것들을 사용하면 대규모 건물을 빠른 시간 안에, 그것도 아주 저렴한 비용으로 지을 수 있습니다. 그런데 어찌하여 우리는 아직도 기둥과 기둥 사이 폭이 좁아야만 하는 석조 건물의 모델을, 다시 말해 파르테논 신전의 모사품을 만들고 있어야 합니까?"

당대의 기준으로 보면 주인공은 신식 문물을 주장하는 열정 가득한 야심가로 여겨진다. 특히 주인공과 늘 다투는 상대편 진영의 고고한 어떤 인물이 등장해서 "전통이란 말일세, 진정성을 가지고 오랫동안 지속되어온 하나의 중요 양식이며, 우리가 지켜야만 할 것이며…"라는 투의 입장일 때 그러하다.

그런데 재미있는 사실이 하나 있다. 바로 이 근대 건축 운동의 거대한 광풍조차도 시간이 흘러 이제는 하나의 양식이나 스타일이 되어버렸다는 점이다. 세월이 흘러 이제 근대 '양식'을 옹호하는 건축가는 노출콘크리트의 재료 미학을 이야기하며 시간과 철학을 읊조린다. 여기에 변혁은 없다. 오히려 변혁을 외치는 쪽은 다른 이야기를 하고 있으며, 근대 '양식'을 옹호하는 사람들은 대부분 다시 '진정성'을 이야기한다. 100년 전 그들에게 사용한 단어들이 그렇게 서로 뒤바뀌어 있다. 아방가르드(전위)가 아리에가르드(후위)가 된 상황이다.

　문제는 우리가 시대라는 맥락에서 무엇을 이야기하는가다. 시대는 변한다. 진정성이란 단어조차도 이제 그것이 처한 위치나 발화자의 입장에 따라 말의 뜻과 범위가 이렇게 달라지고 있다. '조경을 넘어'라는 전혀 앞으로 넘어갈 것 같지 않은 오래된 주제를 이야기하기 위해서는 이 시대라는 맥락을 읽어내야 한다. 어느 외국 저명 조경가의 새로운 디자인 이론, 신문물, 신사조만을 끊임없이 업데이트하는 것이 변화의 동력이 되는 게 아니다. 오히려 그것은 변화라기보다는 수동적 답습에 가까울 뿐. 우리는 우리 스스로를 알아야 하고, 그것은 현재 우리가 처한 시대를 면밀히 살펴보는 것에서부터 시작한다.

　'트렌드 따위에 영합한'이라는 말을 하는 누군가가 있을 수도 있다. 그토록 이 용어가 거북하다면 이렇게 생각해 보자. 서로 대립하는 생각을 동시에 아우르며 목표에 이르는 길을 찾는 능력을 사전에서는 '지능'이라 한다. 여기에 '시대'라는 단어를 조합한다. 시대 지능, 다시 말해 우리가 유의미한 변화를 이루어나가기 위해 현시점의 시대를 보고 거기에 반응하자는 것이다. 예를 들어 젠트리피케이션이 문제가 되고 있다고 하자. 그것을 이야기하고 그것의 문제점에 대해 논하면서 오직 진정성 있는 개발만을 이야기한다면, 다시 그 모든 사회 현상의 대항점을 진정성에만 둔다면, 시대의 오독이자 자가당착이며 학습하지 않는 자의 게으름에 불과하다. 당장 스스로 답을 만들기 어렵다면 그것에 반응하는 타 분야의 공간 개발 사업에서는 과연 이런 문제가 어떤 양상으로 만들어지고 있는지, 사회 문제가 어떤 해법으로 다시 사회에 투사되어 적용되고 있는지 알아야 한다.

유학파들의 어학연수 비자 시절의 그럴싸한 향수만을 골라 젊은 부자 동네에 기획한 공간 '슈퍼막셰', 오랫동안 수집한 기품 있는 사물들로 뮤지엄과 점포 사이의 중간 영역 소비자들을 정확히 타게팅한 성수동 '오르에르'와 잠원동 '파운드로컬', 자연을 벗 삼으려면 자연이 주체가 아니라 자연이 제공하지 못하는 따스한 환대를 만들어야 한다는 남양주의 '비루개' 등, 요즘의 공간은 '덜하고', '옛지 있게', '디자인이 아닌 간지'라는 추세이다. 아이러니하게도 그 중심은 주인이 나가라고 할 때 금방 핵심 집기만 들고 나갈 수 있는 공간 기획에 있다. 비단 젠트리피케이션을 주제로 놓고 보아도 이렇게 간접적으로나마 학습할 재료들은 동시대에 넘쳐나고, 이런 학습이 쌓여 세상을 이겨내는 무기가 될 수 있다고 믿는다. 이렇게 놓고 보면 앞으로 중요한 것은 디자인이 아니다. 비용이 발생하는 디자인보다는 가치를 재편하는 디자인 이전 단계, 즉 기획의 영역이 훨씬 중요해지고 있다. 그리고 그것이 조경의 무기가 되어야 한다고 믿는다. 서비스 디자인, 경험 디자인처럼 디자인 앞에 붙는 신조어의 조합 영역들이 출현하는 이유도 이제 더 이상 공간 디자인만으로는 어떤 새로운 가치를 만들어낼 수 없음에 기인한다.

변화를 원하는가, 세상을 보라. 알렉산드로 미켈레, 수년 전 구찌Gucci의 크리에이티브 디렉터로 취임하면서 그가 주장한 것은 '맥시멀리즘'이다. 미니멀리즘, 예를 들어 흰색과 검은색, 톤과 매너의 일치를 꾀하는 생각은 안드로메다 저편으로 보내버린다. 그가 디렉팅한 화보와 스테이지 공간들에서는 동물원과 우주인이 나오고 털북숭이 낙타 같은 기괴한 생명체가 등장한다. 우리는 주변의 크리에이터들과 어떻게 소통하고 반응하는가. 나에게 스스로 늘 던지는 질문이기도 하다. 미니/맥시멀리즘의 사례에서도 그러하듯 늘 같은 습관적 사고 안에, 혹은 '조경은 자연과 인간의 교감이다'라는 식의 허울 좋은 인문학적 명제 속에 스스로 매몰되고 싶지 않기 때문이다. 사회는 변한다. 끊임없는 진행형이다. 나 역시 그러해야 한다.

페이팔의 창립자 피터 틸이 설립한 '틸 장학금'이란 것이 있다. 미국의 우수한 IT 전공 학부생과 대학원 인재에게 매년 수여되는 장학금이다. 단일 장학금으로 무시 못 할 액수를 자랑하는 이 장학금은 수여자의 선정도 까다롭지만, 정작 수여를 위해 내세우는 조건이 파격적이다. 장학금으로 학업을 지속하는 것이 아니라 학업을 중단하고 창업을 하는 것이 조건이다. 당신 같은 인재는 학교에서 더 이상 배울 것이 없으니 이 자금으로 창업을 하라는 이야기다. 전통적 교육 방법으로는 혁신과 변화를 따라가기가 어려움을 모두 알기 때문에 이런 조건이 환영받는 시대다. 세상은 그렇게 돌아가고 있다.

연산적 설계, 조경의 새로운 도구

이유미

나는 결코 컴퓨터에 친숙하거나 프로그램에 능숙한 기술적인 사람이 아니다. 얼마 전까지만 해도 흔한 컴퓨터 게임조차 해본 적이 없었다. 늦은 출산과 육아로 잠시 쉬는 시간을 가지고 다시 학교로 돌아와 보니, 갓난아기가 아장아장 걷게 된 짧은 기간에 세상은 너무나 빠른 속도로 변했고 또 변하고 있었다. 이전 수업에서 다뤘던 설계 기법과 접근 방식이 구닥다리로 느껴졌다. 현재의 복잡하고 다양한 설계 이슈를 풀어내고 조경의 미래를 이끌어갈 수 있는 학생들의 역량을 기를 새로운 설계 방법의 도입이 절실했다. 커리큘럼을 새로 만들고 평소 교류하던 재야의 고수들을 총동원해 직접 배워가며 모든 수업을 전면 개편하는 중이다.

21세기 조경 분야의 계획가와 설계가가 풀어야 할 기후변화, 도시재생, 스마트시티, 미세먼지 등 긴급하고 도전적인 과제를 해결하기 위해서는 기존의 접근 방법을 넘어서는 용감한 시도가 필요하다. 특히 설계 기법에 대한 수업은 실무와 직접 연관 되는 만큼 최신 설계 방식과 기술의 변화에 민감하게 반응해야 한다. 학계는 미래를 위한 인재 양성이라는 막중한 책임을 갖는 만큼, 업계가 새로운 업역을 구축하고 발전시킬 수 있도록 돕는 역할을 해야 한다. 설계 이슈는 더 복잡해졌는데 그것을 풀어 내는 방식은 10년 전이나 지금이나 달라진 게 없다면 살아남을 수 없다. 설계 교육에도 획기적 변화가 필요하다.

디자인이란 주어진 제한 조건 안에서 디자이너가 우선적으로 고려할 규칙들을 정하고 좌뇌와 우뇌의 반복적 사고와 드로잉 이나 모델링에 의한 구체화를 통해 형태와 시스템을 거르고 결 정하는 과정이다. 우리는 가장 첫 디자인이 최종안인 경우가 매 우 드물다는 것을 안다. 개인적 경험으로는 대략 서너 번째 시 도한 디자인이 최종안으로 발전하는 경우가 많았던 것 같다. 그 렇다고 마지막 디자인이 가장 완벽한 디자인인가? 최종안은 단 지 주어진 마감 시간 내에 완료된 (완성이 아닌) 디자인일 뿐이다. 나는 어떤 디자인이라도 충분한 분석을 근거로 현실화에 시간 을 들인다면 최종안이 될 수 있다고 생각한다.

연산적 설계computational design는 디자인을 구체화해 표현하는 방법을 기하학에서 논리로 전환하는 설계 과정으로, 고도의 복 잡성을 알고리즘을 통해 제어한다는 면에서 '설계의 자동화'라 고도 할 수 있다. 하지만 연산적 설계는 컴퓨터가 대신 설계한 다는 의미가 아니라, 설계자가 특정 데이터에 어떤 규칙을 적용 하는가에 따라 설계의 방향이 바뀌는 것을 빠른 시간에 확인하 는 과정이다. 연산적 설계의 전제는 설계자가 과학적이고 정량적인 분석을 통해 무엇이 중요한 규칙인지 결정하고 이를 어떻게 적용하는지에 따라 설계안이 결정된다는 점이다. 이러한 설계 방식은 디자인이 공간의 시각화와 소통의 기능을 넘어서 기능성performance과 지속가능성sustainability을 추구하는 방향으로 진화하도록 돕는 역할을 할 수 있다.

최근 해외 동향을 파악해 보면, 연산적 설계가 다양한 분야에서 실무에 활용되고 있다. 건축에서는 이미 10여 년 전부터 연산적 설계의 한 축인 파라메트릭 디자인parametric design 수업이 활발히 진행되었고 이를 실무에 적극 활용하고 있다. 예술과 디자인 분야에서도 다양한 변수를 추출해 파라메트릭 모델을 구축하고 3D 프린터로 제작하는 방식의 수업을 어렵지 않게 찾을 수 있다. 건축설계와 시공업계를 중심으로 점차 의무화되고 있는 BIMBuilding Information Modelling의 도입도 설계와 시공 프로세스의 획기적 변화다. 게임 제작 도구인 언리얼 엔진Unreal Engine으로 구축한 가상현실Virtual Reality은 설계안의 시뮬레이션을 넘어 블루프린트라는 코딩 작업을 통해 공간에서의 상호작용을 재현하는 도구로 활용 가치가 높다.

건축이나 예술 분야에 비해 조경에서는 이러한 변화가 매우 느리게 진행되고 있으며, 때로는 부정적으로 받아들여지고 있다. 협업의 일원으로서 조경 분야도 이제는 BIM을 CAD와 같은 기본 프로그램으로 여기고 사용할 줄 알아야 한다. 하지만 외부 공간의 특성상 환경적 요소의 지대한 영향을 받음에도 불구하고, 아직도 감성적이고 단편적인 분석에 의존해 어떠한 환경적 변수를 어떤 가중치로 설계에 적용해야 하는지 검증할 기회도 없이 조경 설계안이 그려지고 공사가 시작된다.

조경은 이제 컴퓨터와 디지털 기술을 연필, 지우개, 가위, 풀을 대신해 전산화된 작도와 표현의 도구로만 사용하던 방식에서 벗어나야 한다. 설계와 시공 과정에서 다양한 디지털 미디어와 프로그래밍 소프트웨어를 적극 활용해 설계가 스스로가 코드와 스크립트를 만들어서 소프트웨어를 사용자화하고 설계 도구를 직접 제작할 수 있어야 한다. 다행히 주위에는 무료로 제공되는 오픈 소스가 넘쳐나고 융합적 설계 방식과 아이디어를 교환하고 공유할 수 있는 플랫폼도 만들어지고 있다. 이를 활용해 학생들과 신진 세대가 새롭고 혁신적인 도구를 익히고 실무에 적용할 수 있도록 격려해야 한다.

기성 세대가 첨단 기술과 프로그램을 익혀 실무와 교육에 활용하는 일은 쉽지 않지만 최소한의 시도는 해보는 것이 바람직하다. 나 또한 잠깐이라도 쉼의 시간을 갖지 못했다면 다람쥐 쳇바퀴에서 내리는 용기를 갖지 못했을 것 같다. 일단 맨땅에 던져지고 나니 그제야 지금 무엇을 가르쳐야 하는지 진정성 있는 탐구가 시작되었기에.

03

변화하는
사회,
조경의 역할

사회 변화에 부응하는 조경 양병이

조경의 변화_시기, 정도, 속도가 중요하다 홍광표

시민참여 녹화운동을 통한 사회적 자본 형성 이애란

건강한 노후를 위한 인지 건강 디자인 김경인

미래 세대에게 다양한 녹색 봉사 기회를 이윤주

포용도시 시대, 조경 전문가의 사회적 역할 이재준

사회 변화에 부응하는 조경

양병이

우리 사회의 변화에 부응해서 조경 분야가 어떤 방향으로 나아가야 할지 그 비전을 제시해 보고자 한다. 조경 분야의 지향점은 우리 사회가 나아가는 방향과 밀접한 연관을 맺고 있으므로 우리 사회에서 어떤 변화가 일어나고 있는지 먼저 살펴보아야 할 것이다.

우리 사회에 나타나고 있는 큰 변화 중 첫째는 지구 환경 문제가 점점 악화되는 점이다. 지구 온난화는 우리나라도 예외가 아니어서 연평균 기온을 보면 1954년~1999년에는 45년간 0.23℃가 상승했고, 1981년~2010년에는 30년간 0.41℃가 상승했으며 2001년~2010년에는 10년간 0.5℃가 상승했다. 이는 근래에 올수록 온난화가 가속된다는 사실을 보여주는 자료다. 둘째는 급격한 고령화를 겪고 있다는 점이다. 2014년 노년부양비(생산가능인구 100명당 65세 이상 고령자 인구)는 17.3명으로 생산가능인구(15세~64세 인구) 5.8명이 고령자 1명을 부양하는 실정이다. 저출산이 지속될 경우 베이비붐 세대의 고령 인구 진입 및 기대 수명 증가로 인해 2030년에는 2.6명이 1명을, 2060년에는 1.2명이 1명을 부양해야 할 것으로 전망된다. 고령화와 더불어 나타난 특색의 또 하나는 건강하고 경제적 여유를 가진 뉴실버 세대가 등장하고 있다는 점이다. 셋째는 건강과 웰빙의 욕구가 증가하고 있다는 점이다. 고령화와 맞물려 건강하게 오래 사는 데 관심을 갖게 되어 건강을 유지하기 위한 운동과 힐링에 대한 관심이 커지고 있다. 근래의 걷기 열풍도 건강과 힐링에 대한 욕구 때문에 나타난 현상이다. 넷째는 먹거리 불안이 증가하고 있다는 점이다. 환경 오염에 따른 먹거리 오염이 큰 관심사가 되었다. 우리나라에서 가장 대표적인 먹거리 불안은 수돗물에 대한 불신이며, 외국에서는 가축 사육 과정의 항생제 사용 등이 큰 문제로 부각되고 있다.

조경 분야가 호응을 얻고 발전하기 위해서는 우리 사회의 변화 추세에 부응해 적극적으로 변화해 나갈 필요가 있다. 변화의 방향은 무엇보다도 '환경 오염과 지구 환경 문제 완화에 기여하는 조경'이다. 특히 화석에너지 소비 증가는 환경 오염 물질의 배출을 증가시키기 때문에 에너지 절약이 중요하다. 이를 위해 에너지 효율을 위한 조경을 추진해야 할 것이다. 옥상녹화와 벽면녹화를 통해 건물의 에너지 절약을 가져올 수 있다는 사실은 이미 잘 알려져 있다. 지구 온난화가 해수면 상승을 가져오고 있음은 주지의 사실인데, 이에 대응하는 방안의 하나로 해수면 상승 대응형 조경을 외국의 도시들에서는 이미 시도하고 있다. 예를 들면 미국 샌프란시스코는 해수면 상승으로 침수될 해안 지역을 해안 습지로 복원하는 사업의 일환으로 해안 습지 면적 약 243㎢를 확대하는 사업을 진행하고 있다.

근래 국민들이 일상생활에서 갖는 가장 큰 관심사의 하나는 미세먼지다. 이제는 미세먼지 저감형 조경을 해야 할 시기다. 국립산림과학원 박찬열 박사의 발표 자료에 따르면, 나무 한 그루당 연간 35.7g의 미세먼지를 흡수하고 침엽수 한 그루당 1년에 44g의 미세먼지를 흡수하며 활엽수 한 그루당 1년에 22g을 흡수하는 것으로 밝혀졌다. 조경 분야가 그린 인프라 도입 등 적극적 녹화를 통해 미세먼지 저감에 크게 기여한다면 국민들로부터 높은 관심과 지지를 받을 것이다.

중국은 물 부족 문제를 해결하기 위해 스펀지 도시 프로젝트를 추진하고 있다. 이 프로젝트는 빗물을 스펀지처럼 흡수해 저장해두었다가 활용하는 도시를 만들자는 사업이다. 2020년까지 전국 도시의 80%를 빗물 70%를 재활용하는 스펀지 도시로 만들겠다는 목표를 세웠다. 우리나라도 물 부족 국가다. 홍수 피해를 완화하기 위해서는 물 순환형 조경을 적극적으로 추진해야 할 것이다. 최근 저영향개발LID이라는 명칭의 물 순환 사업을 시행하고 있는데, 조경 분야보다는 토목 분야가 이 사업을 주도해 진행하고 있으므로 조경 분야의 적극적 관심이 요구된다.

관심을 모아야 할 또 하나의 방향은 생물다양성 보전을 위한 조경이다. 도시의 생물 서식지가 점차 사라져가고 있어 생물 종이 급격히 감소하고 있음을 피부로 느끼고 있다. 도시에서 벌과 나비, 제비를 보기가 점점 어려워지고 있다. 해외 선진 도시들에서는 이에 적극적으로 대응해 벌과 나비 등 화분 매개자의 서식처를 복원하고자 화분 매개자 친화형 공원pollinator friendly park 사업을 전개하고 있다. 우리나라에서는 신도시를 조성하면서 철새를 위한 조류공원을 대규모(567,051m²)로 조성한 사례가 한강신도시 사업에서 처음 이루어진 바 있다. 지구 온난화를 포함한 지구 환경 문제 때문에 자연 재해의 빈도와 강도가 점점 심해지고 있어 그 피해가 점차 커지고 있다. 재난 피해를 본 도시는 원상 회복이 오래 걸리고 복구 비용도 엄청나게 소요되기 때문에 이제는 도시를 회복탄력성이 높은 도시로 만들어 가자는 움직임이 도시 분야에서 나타나고 있다. 조경 분야에서도 회복탄력성 있는 조경resilient landscape이 대두되어 시공까지 된 사례가 많아지고 있다. 예를 들어 중국 저장성 진화시에 위치한 옌웨이저우 공원Yanweizhou Park은 강 중앙의 섬에 있는 공원인데, 홍수 때는 강의 수위가 올라와 공원 일부가 물에 잠기게 된다. 조경가는 이를 감안해 홍수 때도 공원이 기능을 할 수 있고 홍수 이후에도 공원의 피해를 최소화하는 공원 설계를 함으로써 회복탄력성 강한 조경을 한 대표적인 사례가 되었다.

안전한 먹거리에 대한 열망으로 인해 2013년 기준 세계 인구의 11% 정도인 8억 명이 도시에서 농사를 짓는 도시농부이다. 이 중 6억 명은 자체 소비를 위해 도시에서 농사를 짓는다. 우리나라에서도 도시 텃밭을 이용해 농사를 짓는 도시농부가 증가하고 있다. 조경 분야도 도시농업을 위한 조경에 관심을 가져야 할 것이다. 호주 조경가협회는 도시농업의 새로운 흐름으로 '푸드스케이프foodscape'라는 패러다임을 조경가들에게 제시한 바 있다. 공적 영역에서는 경작이라는 행위에 더해 미적, 공간적 맥락이 디자인에 적용되어야 하며 조경가는 관상식물뿐 아니라 채소와 과일 등 작물까지도 미학적으로 연구해 설계에 반영해야 한다는 것이다.

조경에서 시민참여의 필요성 또한 높아지고 있다. 이는 지방자치단체의 공원녹지 예산 감축과 뉴실버 세대의 증가, 시민참여에 대한 사회적 인식의 증가에 기인한다. 조경 프로젝트의 대표적 시민참여 사례로 뉴욕의 하이라인을 들 수 있다. 이 사업이 성공한 것은 비영리단체인 '하이라인의 친구들'이 10년간 모금을 통해 뉴욕의 고가 철로를 공원화하는 운동을 진행했기 때문이다. 세계적으로 유명한 뉴욕 센트럴파크의 경우도 센트럴파크 컨저번시Central Park Conservancy라는 비영리단체가 뉴욕시로부터 관리를 위탁받아 공원 연간 예산의 75%를 모금해 충당하고 있다.

우리나라의 첫 사례는 서울숲이다. 서울숲 공원을 조성할 때부터 '서울그린트러스트'라는 비영리단체가 설립되어 시민들의 모금과 나무 심기를 통해 공원 조성에 참여했으며, 조성 후에는 공원 관리에 참여해 이용자 프로그램을 운영해왔다. 2016년 11월부터 서울그린트러스트는 서울시로부터 위탁받아 서울숲 관리 업무 전반을 담당하고 있다. 이제는 지방정부가 도시 공원녹지의 운영관리를 모두 책임지는 방식에서 탈피해 정부가 시민과 함께 파트너십을 갖고 관리와 모금을 병행하는 시민참여형 공원녹지 관리 방식으로 변화될 필요가 있다.

조경의 변화_
시기, 정도, 속도가 중요하다

홍광표

용문폭은 송나라에서 일본으로 온 임제종 스님 난케이 도류蘭溪道隆가 창안한 것으로 일본에서는 가마쿠라鎌倉의 겐쵸지建長寺에 처음 조성한 폭포 석조 형식이다. 그것을 일본 최고의 석립승인 무소 소세키夢窓疎石가 배워 자신이 만든 정원에 적극적으로 도입했다. 무소가 용문폭에 리어석을 둔 것은 일념으로 성불을 위해 수행하는 선가의 수좌들이 정원을 하나의 수행처 삼아 용맹정진하기를 바랐기 때문이었다.

나는 일본 정원에 조성된 많은 폭포의 리어석 가운데 로쿠온킨카쿠지의 폭포에 세운 리어석을 일등으로 친다. 정말 잉어 한 마리가 힘차게 폭포수를 거슬러 올라가는 모습을 생생히 볼 수 있기 때문인데, 폭포수가 힘차게 떨어지면 떨어질수록 리어석의 존재는 더욱더 분명해진다.

등용문에 얽힌 고사를 보면, 그냥 가만히 앉아서 감이 떨어지기를 바라는 것이 얼마나 무책임한 일인지 잘 알 수 있다. 세차게 흐르는 급류에 몸을 던져야 비로소 자신이 원하는 바를 얻는다는 사실은 동서고금의 많은 고사에서 입증된다. 양산보가 소쇄원에 대봉대待鳳臺를 지어놓고 임금의 부름을 기다렸지만 평생을 기다려도 교지가 오지 않아 결국 포기했다는 이야기가 사실이라면, 소극적 자세로 세상을 살아가는 사람은 입신출세할 기회를 얻기가 쉽지 않다는 것을 알 수 있다.

역사를 보면, 세상이 변하는 것이 두려워 그것에 대응하지 못하고 기회를 잃어버린 많은 사람이 등장한다. 그러나 변화를 두려워하지 않고 그것에 정면으로 맞서 자기를 던진 사람도 많다. 물론 자기를 변화의 소용돌이 속으로 던져서 항상 성공한다는 보장은 없다. 그러나 그들에게서 공통으로 찾을 수 있는 것은 용기와 결단력이다. 그것이 있었기에 그들은 좌절하기보다는 성취할 가능성이 컸을 테고 실제로 뜻을 이룬 사람들이 많았다. 그러나 변화에 무턱대고 맞서는 것이야말로 무모하기 짝이 없는 일이다. 변화에 대응하기 위해 몇 가지 요건을 잘 파악하고 그것에 적절하게 대처해야만 변화를 자기의 것으로 만들 수가 있다. 그 요건이라는 것은 다름 아닌 변화에 대응하는 시기와 정도 그리고 속도다.

변화의 내용을 모르고 그것에 대응하는 시기를 잘못 선택하는 것은 실패로 가는 지름길이다. 적정한 시기의 선택은 변화를 이겨내는 매우 중요한 요인이다. 변화의 원인이 무엇이고, 그것이 어떻게 진행되고 있으며, 변화의 결과가 어떤 영향을 줄수 있는지 잘 파악해야 한다. 시기가 빨라서도 안 되고 더뎌서도 안 된다. 적기를 찾아야 한다는 것은 기초적인 이야기다. 지금 생각해 보면, 1970년대 초 우리나라에 조경을 도입해 새로운 건설의 시대를 연 것은 시의적절한 일이었다. 당시는 건설 붐으로 환경 파괴가 심각할 때였기에 더욱 그러하다. 만약 그때 조경이라는 새로운 학문과 산업을 도입하지 않았다면, 지금 우리는 전혀 다른 환경에서 살고 있을 것이다.

　어느 정도의 변화를 꾀할 것인가도 너무나 중요한 일이다. 변화에 부분적으로 대응할 것인가, 아니면 변화를 전면적으로 수용해 새로운 세상을 만들 것인가. 새 술은 새 부대에 담으라는 말이 있지 않은가. 변화를 거부하는 힘을 완전히 꺾고 새로운 질서를 찾든지, 아니면 그러한 힘과 적당히 타협할 것인가를 결정하든지 둘 중 하나를 선택해야 한다. 이것은 잉어가 하늘로 올라가 용이 될 수 있는가 없는가를 결정하는 가늠할 중요한 요인이 된다. 조선을 연 신흥사대부 가운데 완벽한 변화를 생각한 사람들이 없었다면 조선이라는 새로운 왕조는 역사에 이름을 올리지 못했을 것이다. 혁신이라는 것이 바로 이런 것 아니겠는가. 이제 조경 분야도 과거의 틀에 얽매여서는 아무것도 얻을 게 없다는 것을 알아야 한다. 조경이 가진 구조적 틀을 전면적으로 혁신하지 않으면 다른 분야의 엄청난 도전에 희생될 수밖에 없을 것이다.

　끝으로, 어떠한 속도로 변화를 이끌어야 할지를 결정하는 것도 중요하다. 세상이 변화하는 속도를 보면, 지금까지 우리가 이룩한 조경의 50년 역사는 이제 그것과 비교도 안 되는 시간에 성취할 수 있게 되었다. 건설시장의 구조가 송두리째 바뀌고, 학문과 산업의 경계가 무너지고, 타협의 상대가 달라지고 있는 현실이다. 이러한 세상을 옛 완행열차의 속도로 간다면 과연 고속전철 타고 가는 사람을 따라잡을 수 있겠는가. 이제 조경 분야도 시급하게 새판을 짜야 한다. 학교의 커리큘럼부터, 관에 대응하는 자세부터, 다른 영역과의 소통부터, 그리고 조경의 본질적인 성격부터 모든 것을 새 틀에서 시작하지 않으면 이길 수 없다. 물론 온고지신이라는 말처럼 지난 세대가 만든 성과를 토대로 새로운 것을 추구해야 한다는 것은 지극히 당연하다. 그러나 변화에 대응하는 속도만큼은 빨라야 살 수 있다. 한발 늦었다는 말은 변화를 온전히 수용할 수 없는 사람들이 쓰는 핑계에 불과하다.

이제 조경 1세대가 무대를 떠나기 시작했다. 73학번 교수들이 은퇴했다. 산업 일선에서도 1세대를 찾아보기 쉽지 않다. 그들에게 배운 조경 2세대 역시 나이가 들기 시작했으니 분명히 변화가 우리 눈앞에 온 것이다. 건설시장도 달라졌다. 건설공사 생산 체계 개편 방안을 담은 건설산업기본법 개정안이 국회 본회의를 통과하면서 건설 분야의 경쟁이 가속화될 조짐을 보인다. 도시 안의 자연환경 조성에 대한 영역도 혼란스럽기 그지없다. 영역 간 경계가 무너졌다는 점도 간과해서는 안 된다. 게다가 인구 절벽에 부딪혀 몇 년 내로 지방의 조경학과가 존속된다는 보장도 없어졌다. 이러한 환경 속에서 조경이 취해야 할 자세는 무엇인가.

지금 우리 조경계가 변화에 적극적으로 대응해야 하는 시점에 와 있다는 것을 절실히 느낀다. 변화에 적극 대응하려는 마음 자세를 가지고, 변화에 대응하는 시기와 정도 그리고 속도를 지혜롭게 결정해야 한다. 그러기 위해서는 조경인 모두가 서로 화합하고 한마음으로 어려움을 이겨내겠다는 다짐을 해야 한다. 말뿐인 변화, 말뿐인 대응, 말뿐인 실천은 우리를 점점 더 어렵게 할 수밖에 없다. 그렇다면 누가 이러한 변화를 주도해야 할 것인가. 당연히 우리 조경인 모두가 주인 의식을 가지고 변화에 대응해야 한다. 그러나 조경 분야에서 40년 이상 몸을 담고 많은 혜택을 누린 1세대 조경인들이 이제 새판을 짜는 일에서도 앞장 서줘야 할 것이다. 그리하여 조경이 전혀 다른 옷을 입고 시장에 나올 때 조경 분야는 향후 50년, 아니 100년의 경쟁력을 다시 갖추게 될 것이다. 그러기 위해서는 한 마리의 잉어가 되어 용문폭을 뛰어넘고 폭포에서 떨어지는 어마어마한 물살을 뚫고 힘차게 솟구쳐 올라야 한다.

시민참여 녹화운동을 통한 사회적 자본 형성

이애란

급격한 도시화는 커뮤니티 해체와 지역성 상실의 사회 문제, 녹지 훼손과 파편화로 대표되는 자연환경 문제, 낙후지역과 빈부격차의 경제 문제를 발생시켰다. 도시는 커뮤니티와 지역성, 자연환경의 기반 등이 유지되고 있는 농촌과 그 기반 환경이 다르다. 따라서 도시재생에서부터 마을 만들기 등 참여형 사업을 통해 새로운 도시 공동체 회복과 건강한 도시 환경을 구축하고자 하는 시도가 전개되고 있다. 그중 도시 녹화운동은 도시 환경의 회복탄력성을 높이기 위해 소규모 녹지를 조성하고 연결성을 확보해 녹지 네트워크를 구축하는 노력이다. 도시 녹지의 창출과 관리가 중요한 사항으로 고려되고 있으며, 심신의 안정과 여가 활동 증진 등 생태계 서비스 제공으로 삶의 질 향상에 큰 도움을 준다. 서울시의 예를 통해 도시 녹화운동의 변화 과정을 살펴보면 다음 그림과 같다.

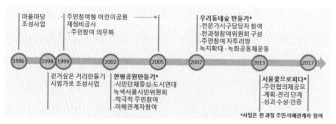

서울시 시민참여형 도시 녹화운동의 변화 과정

과거에는 경제 변화와 경제 개발에 대한 사회·문화적 요소의 잠재적 역할이 거의 인식되지 않았다. 그러나 최근 신자본주의 경제학자들은 경제 개발이란 1인당 소득의 단순한 증가가 아니라 삶의 질을 향상시키는 것이므로 근본적인 사회·문화 시스템에 대한 동등한 배려가 필요하다고 강조한다. 사회·문화적 가치 체계는 경제, 사회, 정치적 행동을 형성하고 여러 간접 경로를 통해 개발에 영향을 준다. 따라서 성공적 경제 발전이란 사회적 변수와 정치적 변수를 포괄해야 한다. 1990년대에는 '사회적 자본' 개념을 수용하는 경제 발전의 결정 요인에 대한 새로운 생각들이 등장했는데, 신뢰, 네트워크 및 제도에 대한 규범, 가치 및 신념의 차별적 영향이 사회적 자본의 기초가 된다.

1916년 리다 하니판Lyda J. Hanifan은 학교 성과 향상에 있어서 지역 사회 참여의 중요성을 설명하기 위해 사회적 자본 개념을 처음 제시했다. 이 개념은 한참 뒤 도시 공동체를 연구하는 캐나다 사회학자 팀(Seely 등, 1956년), 사회적 상호작용 이론 연구(Homans과 Jacobs, 1961년), 도시 생활과 이웃을 중심으로 한 소득 분포 연구(Loury, 1977년) 등으로 이어지며 사회적 네트워크의 가치와 보존에 초점을 두고 다시 주장되었다. 사회적 자본은 시민참여 사업의 효율성과 지속가능성을 위해 사람들로 하여금 서로를 더욱 신뢰할 수 있도록 하는 기능적이며 실질적인 필수 자본이다. 또한 공동체 사회 조직에 속한 사람들이 공동의 목표, 발전과 행동 촉진, 상호작용 등의 성과를 달성하기 위한 자산으로서의 관계 자본이다.

사회적 자본 개념은 피에르 부르디외Pierre Bourdieu와 제임스 콜먼James S. Coleman의 연구를 통해 한층 학술적으로 발전되었다. 로버트 퍼트넘Robert D. Putnam은 사회적 자본의 개념을 대중화하고 정책에 도입하는 데 기여했다. 그는 사회적 자본을 "공동의 행동을 촉진함으로써 사회의 효율성을 향상시킬 수 있는 신뢰, 규범, 네트워크와 같은 사회 조직의 특징"이라고 정의한다. 경제협력개발기구OECD는 사회 자본을 "그룹 내에서 또는 그룹 간의 협력을 용이하게 하는 공유 규범, 가치 및 이해와 함께 네트워크의 구축"(2001년)으로 정의하며, 세계은행World Bank은 보다 폭넓은 관점에서 "사회적 상호작용의 질과 양을 형성하는 제도, 관계, 규범"이고 "단지 사회를 지탱하는 기관의 합계가 아니라 함께 묶을 수 있는 접착제"(2007년)라고 정의한다.

프랜시스 후쿠야마Francis Fukuyama는 특히 신뢰 측면을 강조해 사회 자본을 정의한다. 윌리엄 로에William M. Rohe는 시민 관여, 개인 간 신뢰, 효과적 집단 활동 등의 핵심 구성 요소를 상호 연결해 주는 것으로 사회 자본을 이해한다. 그는 지역 사회 주민의 1%만이라도 지역의 개발 프로그램에 적극적으로 참여한다면 대단히 성공적이라고 평가할 수 있다고 본다. 소진광은 사회 자본의 요소를 신뢰, 참여, 연계망(네트워크), 제도 및 규범, 이타주의 등 다섯 가지로 구분하고 각 요소의 표현 인자를 제시했다. 이처럼 사회적 자본의 주요 요소는 사회적 네트워크(가족, 친구, 지역 사회), 자발적 상호 규범(규범, 가치관, 행동의 공유), 신뢰(사람 및 기관)라고 할 수 있다. 즉 사회적 자본은 경제 발전에 긍정적 영향을 주는 개인의 공통 규범, 가치관, 태도 및 행동을 통해 창출된 집합 소유 자본이다. 사회 자본의 가장 일반적인 형태는 첫째 연결과 결합, 둘째 강하고 약한 관계, 셋째 수평 및 수직 관계로 구분할 수 있으며, 사회 자본의 수준은 개인과 단체, 미시, 중시, 거시 측면에서 측정되고 분석될 수 있다.

　사회적 자본의 관점에서 참여형 재생 사업을 연구한 성과를 살펴보면, 주거지 정비 사업에서 협력 거버넌스 구축을 위한 협력적 계획 과정과 리더십, 프로그램이 참여 만족도를 매개로 하여 사회 자본 형성에 긍정적 영향을 미쳤다. 참여 주체별 인식을 살펴보면, 도시재생 사업의 계획 단계에서 전문가와 공공에 비해 주민들은 거버넌스에 대한 인식과 형성 수준이 낮고 이러한 점이 사회 자본의 형성에 영향을 미치는 것으로 나타났다. 주거지 재생 사업의 비교 연구에서는 상향식 접근 방식이 하향식 접근 방식에 비해 신뢰도가 높았으며 일상생활을 통한 주민 간의 친밀도가 사회적 자본 형성에 긍정적 영향을 미쳤다. 도시 공원 관리의 자발적 참여 공동체인 자원봉사자를 대상으로 분석한 결과를 보면, 사적 신뢰와 호혜성을 기초로 한 규범이 사회 자본과 상관관계가 있다. 미국 커뮤니티 가든 여섯 곳의 도시농업 시설과 교류 프로그램을 분석한 연구를 보면, 물리적·경제적 자본 창출 외에 사회적 자본을 형성하는 교류 공간과 운영 프로그램이 연계되어 있다. 내 집 앞 가꾸기 사업을 통한 주민참여 수준과 만족도 증가는 사회 자본에 긍정적 역할을 하며 만족도가 사회 자본 형성의 매개 역할을 했다.

　지금까지의 시민참여와 사회적 자본의 연계는 사회 자본의 가치와 범시대적 요구에 비해 초기 단계에 머물고 있다. 주로 대규모 재생 사업이나 계획 단계의 정책 연구, 전문가 설문 대상의 고찰 정도에 그치고 있다. 전국적으로 재생 사업과 지역 활성화 사업이 매년 많은 양과 예산으로 시행되고 있으나 사업 시행과 예산 지출에 급급하다. 도시와 마을 단위 공동체의 주체인 주민과 활동가들의 사회적 자본이 어떻게 형성되는가에 관한 연구, 공동체 사회의 활성화와 지속가능성에 대한 모니터링과 질적 연구가 뒤따르지 못하는 실정이다. 문재인 정부가 추구한 도시재생 뉴딜 정책은 대상 지역의 절반 이상이 우리 동네 살리기 모델로 진행되었다. 정부 부처마다 도시숲, 마을정원 등을 통해 지역과 마을이 자발적으로 참여하는 커뮤니티 활동을 유도하고자 했다. 더 늦기 전에 참여 주체 간의 관계 자본이자 집단 자본인 사회적 자본의 이해와 구체적 실천 전략에 대한 연구와 실천 노력이 뒤따라야 할 때이다.

건강한 노후를 위한
인지 건강 디자인

김경인

유엔은 고령 인구 비율이 7% 이상이면 고령화 사회, 14% 이상
이면 고령 사회, 20% 이상이면 초고령 사회로 분류하고 있다.
우리나라는 2005년 고령화 사회를 거쳐, 2017년 고령 사회에
진입했고, 2026년 초고령 사회에 도달할 것이다. 급속한 고령
화로 인해 노인 인구가 증가하고, 노인 가구가 증가하며, 치매
발병률도 증가하고 있다. 노인 10명 중 1명이 치매라고 할 만큼
치매 인구가 점점 늘어나고 있다.

치매는 노년층에서 암보다 무섭고 환자, 가족, 사회에까지 고
통과 부담을 주는 질병으로, 여러 분야와 지자체가 치매 예방
을 위한 정책을 펼치고 있다. 경관, 도시, 조경, 건축 등의 분야
는 무엇을 준비하고 있는가. 우리가 노인과 치매를 심각하게 여
기지 않는 데에는 노인이나 치매의 경험이 없거나 적다는 것이
가장 큰 이유가 아닐까 싶다. 이런 이유로 노인과 치매를 데이터
나 사회 현상의 하나로만 받아들이고 있다는 생각이 든다.

노인의 인지 기능은 신체 기능과 밀접하다. 외부 활동이 위축되기 시작하면 인지 능력도 감퇴하고 치매의 진행이 빨라지게 된다. 얼마 전 서울의 한 영구 임대 아파트 관리소장으로부터 충격적인 이야기를 들었다. 코로나로 인해 노인들의 외출과 외부 활동이 줄어들면서 치매 어르신이 급격히 증가했고 치매 진행도 빨라졌다는 것. 그것도 불과 1년 만에 경로당이 폐쇄되면서 발생했다고 한다.

치매를 예방하는 데 필요한 것은 무엇일까. 뭔가 특별한 것이 필요한 것은 아니다. 노인의 신체적, 정서적, 사회적 자극을 유도해 일상생활 수행 능력ADL(Activities of Daily Living)을 향상하고, 노인이 거주하던 곳에서 잔존 능력을 유지하며 살아가는 AIC(Aging in Community) 환경을 만드는 것이다. 그런데 현재의 공공 환경은 어르신들의 외부 활동과 행동반경을 점점 줄어들게 만들어 외부와 단절시키고 있다.

치매 어르신과의 인터뷰에서 "집에 돌아오는 길을 몰라 외출을 할 수 없어요. 그래서 내가 사는 107동 주변만 다녀요", "토마토와 꽃 피는 화분을 키워요", "거동이 불편해 운동을 못 해요", "시간을 잘 몰라요" 등의 응답을 쉽게 들을 수 있다. 노인을 위한 환경 조성의 기본은 노인의 신체적, 정서적, 사회적 특성을 아는 것이다. 노인이 되면 신체적으로 운동 능력, 인지 능력, 감각 능력이 둔화한다. 보행이 힘들고 자주 쉬어야 한다. 정서적으로 우울감이 증가하고 타인과 만나는 것을 피하며 내향적으로 되어 간다. 사회적으로 상실감과 무력감을 느끼며 사회적 관계망이 약해지면서 고독감을 느낀다.

하버드 의대 연구 자료에 따르면, 산책을 통해 걷기 운동을 하면 건강 수명이 늘어나는 효과가 있다. 아파트 단지를 도는 산책로(약 1,000m)를 만들고 안전을 위해 건널목에 안전 구역(횡단보도 등)을 설치하고 집에서 나와 집으로 안전하게 돌아갈 수 있도록 하는 것으로 충분하다. 산책로 주변에 노인의 신체 특성에 맞는 저활동성 운동기구를 운동 강도와 운동 부위를 고려해 설치하는 것이 필요하다. 하지만 지금의 야외 운동기구는 활동성이 떨어지는 노인들에게 무리가 될 수 있다.

벤치가 없어 외출을 두려워하는 어르신들도 있기에 산책로나 보도를 따라 벤치를 설치하고 노인의 이동 가능 거리를 고려해 최대 100m 이내에 배치해야 한다. 어르신들의 신체 특성상 등받이와 팔걸이도 필요하다. 벤치는 모일 수 있는 공간을 만들거나 대화를 유도하는 데 중요한 역할을 한다. 한 방향을 보는 형태보다는 마주 보면서 대화할 수 있는 형태로 배치하고, ㅁ자보다는 휠체어가 들어갈 수 있는 ㄷ자 형태로 해야 한다.

오감을 자극하는 데 꽃이나 나무만 한 것이 없다. 추억을 회상하는 수종(감나무, 능소화 등), 새를 부르는 수종(남천, 주목 등), 향기 나는 수종(명자나무, 칠자화, 수수꽃다리 등), 식용 열매가 있는 수종(꽃사과, 앵두나무 등), 수피의 촉감이 다른 수종(배롱나무, 화살나무 등)은 노인 뇌의 비활성화된 영역을 자극해 치매 예방에 효과 있다고 한다.

서울시가 어르신의 신체적, 정서적, 사회적 특성을 반영한 '인지 건강 디자인'을 아파트 단지에 적용해 효과성을 분석한 결과, 주민의 인지 장애가 30.8% 감소하고, 안전사고도 24.4% 줄어들고, 외출 빈도는 39.9% 향상된 것으로 나타났다. 이제 우리 주변의 환경이 과연 노인에게 적합한 환경인지, 노인을 고려한 환경을 조성하고 있는지 돌아볼 때다. 초고령 사회 진입에 즈음하여 노인 건강 복지 증진과 의료 비용 저감을 위한 노인 맞춤 환경 디자인을 본격적으로 도입해야 한다.

미래 세대에게
다양한 녹색 봉사 기회를

이윤주

조경학과에 입학한 지 엊그제 같은데 대학 졸업을 앞두고 있다. 졸업 후에도 조경설계를 하고 싶다는 마음을 굳히고 초보 조경가로서 새로운 시작을 준비하고 있다. 대학 생활을 마무리하면서 그간 경험한 일들을 정리해 보았다. 조경에 관심이 많아 다양한 활동을 해왔는데, 대학 생활 중 절반을 차지한 환경조경나눔연구원 대학생 녹색나눔봉사단 활동은 나에게 소중한 경험이 되었다.

고학년으로 진급할수록 조경에 대한 지식은 쌓여갔지만 학교에서는 직접 식재를 하거나 흙을 만져본 일이 없었기에 몸으로 직접 하는 활동을 하고 싶었다. 물론 이론으로 배우는 것도 중요하지만 직접 몸으로 느끼며 배우는 학습의 장점도 있으리라 생각했기 때문이다. 그래서 교내 활동과 병행할 대외 활동을 해야겠다는 생각에 조경 관련 봉사 활동을 찾게 되었다. 그러다 녹색나눔봉사단 모집 포스터를 발견했고 곧바로 신청서를 냈다.

2019년, 녹색나눔봉사단에 입단해 그토록 바라던 새로운 경험이 시작되었다. 단원, 부대표, 대표 역할을 하며 3년에 걸쳐 활동을 이어갔다. 원래 하고 싶었던 식재 관리와 정원 유지 보수 작업부터 어린이 조경학교 보조교사 활동, 비대면 프로그램 기획, 봉사단 내 공모전, 조경 관련 행사 도우미, 기업 사회공헌 사업인 맘편한 놀이터 워크숍 교재 디자인 등 많은 활동에 참여했다. 단순하게 꽃을 심어보고 싶다는 생각에서 시작했던 봉사단 활동이었는데, 어린이를 비롯해 공공기관, 기업 등 생각보다 다양한 방면으로 조경을 널리 알리고 녹색 나눔을 할 수 있었다.

내가 생각하는 대학생 녹색나눔봉사단의 가장 큰 장점은 다양한 지역의 조경학과 학생들과 교류를 가능하게 해준다는 점이다. 활동할 때마다 구성원이 약간씩 달라 이전 활동에서는 보지 못했던 학생들을 만나곤 했다. 그러다 보니 자연스럽게 본인의 학교에서 경험한 이야기를 공유했다. 각 학교에서 습득한 지식의 공유가 가능하다는 것은 그 어디서도, 특히 교내에서는 하기 힘든 경험이었다. 학교별로 설계, 계획, 식재 실습 등 특화 과목의 차이가 있음을 알게 되었고 봉사를 할 때 서로 부족한 부분을 채워가며 성장해갈 수 있었다. 나의 시야가 넓어질 수 있었고 조경에 대한 생각을 더 깊게 할 수 있었다.

그런데 2020년부터 장기간 이어진 팬데믹으로 인해 사회적 거리두기와 격리가 시행되고 대면 활동이 어려워졌다. 단체로 움직이는 봉사 활동에도 큰 영향을 끼치게 되었다. 코로나19 이

전에는 인원수 상관없이 대면 활동이 가능했기에 녹색 나눔이 필요한 곳을 직접 찾아가 정원 관리 봉사를 할 수 있었지만, 이 활동을 비롯한 봉사단의 주된 대면 활동 모두가 중단됐다. 상황이 호전되지 못하자 곧바로 봉사단 단원들과 우리의 도움을 받던 곳에도 영향이 미쳤다. 특히 봉사단의 가장 큰 이점인 다양한 학생과의 교류가 끊어질 수밖에 없었다. 그래서 급하게 단원들을 위한 비대면 활동을 기획하게 되었다.

비대면 활동을 기획할 때 가장 깊이 고려한 점은 참여도였다. 모이지 못하는 50여 명 단원의 참여를 끌어낼 수 있는 접근하기 쉬운 주제를 선정해야 했다. 처음 기획해보는 비대면 프로그램이었기 때문에 어려움을 겪었다. 비대면 활동이므로 개인으로도 참여할 수 있도록 구상했다. 2021년 활동 대안으로 나왔던 것은 봉사단 내 공모전 형태의 '녹화 신문고를 울리세요' 하계 미션과 '기후변화시대 탄소중립 사회 필요성 대국민 홍보 아이디어 UCC 공모전'이었다. 온라인 비대면 활동은 오히려 거리 제약이 없어 전국에 흩어져 있는 봉사단원들의 참여율이 대면 봉사 때보다 높아졌다. 코로나19를 겪고 활동에 제약을 받게 되면서 앞으로의 활동은 대면, 비대면 활동 두 가지를 병행해 코로나 이전보다 훨씬 다채로운 활동이 많아지기를 바란다.

졸업을 앞두고 지난 3년 동안의 녹색나눔봉사단 활동을 돌이켜보니, 단순한 식재 봉사 경험을 넘어 정원 관리, 어린이 조경 교육, 교재 편집, 각종 녹색 나눔 행사 도우미, 타교 조경 전공자와 교류 등 다양한 경험을 했음을 새삼 깨닫는다. 다른 학생들도 봉사단에 참여한 뒤 개인 능력에 맞게 얻은 것이 다양할 것이다. 나처럼 전에는 생각하지 못했던 분야에서 더 많은 점을 배우고 시각을 넓힐 수 있다는 장점을 모두 잘 알게 되었을 것이다.

이러한 경험은 학생들이 사회의 주인공이 됐을 때 건강한 사회 환경을 만들고 선한 마음으로 함께 잘 살 수 있도록 이끌어 가는 힘을 기르는 계기가 될 수 있을 것이다. 앞으로 더 많은 학생에게 다양한 녹색 봉사 활동 기회가 주어져 사회에 진입하기 전부터 사회를 바라보는 시야를 넓히고 보다 포용적이며 친환경적인 사고를 할 수 있게 되기를 기대한다.

포용도시 시대,
조경 전문가의 사회적 역할

이재준

우리 사회가 급격히 변화하고 있다. 고령화, 인구·경제 저성장, 기후변화, 신종 바이러스 등으로 생존이 위협받고, 지식 기반 산업의 발달로 새로운 4차 산업혁명의 기회가 공존하기도 한다. 기술이 변하고, 시장이 변하고, 소비자의 기호가 변하고 있다. 전문가의 사회적 역할은 시대정신에 부합하면서 바람직한 미래의 정책을 개발해 제안하고 실현되도록 시민들과 함께 행동하는 것이다. 최근 이와 같은 좋은 사례로 파리 시장 안 이달고Anne Hidalgo의 정책과 파리 시민들의 선택이 있었다. 이달고 시장은 최근 '불평등과 기후, 생태계'를 연결하는 혁신적 공약으로 재선에 성공했다. 그의 대표 공약 여덟 가지 중 여섯 가지가 조경의 영역이었다. 파리 전역 운행 속도 시속 30km로 제한, 3대 건설 계획 백지화 및 제3의 숲 조성, 주차장 면적 절반 축소 후 정원화, 생태기후적 지역 도시계획, 공공 건물 옥상을 파리 시민의 식량 농장화, 사회적 약자를 위한 새로운 공동체 연대가 그것이다. 전문가 조경인들에게 많은 고민과 과제를 던져준다.

전문가의 사회적 역할 측면에서 조경인들이 주목할 도시 정책은 정부의 정책 이념이자 가치인 포용도시inclusive city다. 포용도시란 우리가 살아갈 도시에서 모두 어떠한 차별도 없이 물리적, 정치적, 사회적 공간을 공유하고 적절한 도시 서비스에 접근할 수 있도록 하는 '모두를 위한 도시'를 의미한다. 그동안 성장 사회에서 발생한 양극화, 고령화, 불평등 등을 포용도시의 가치와 이념으로 해소하고자 하는 것이다. 포용도시 측면에서 정부가 추진하거나 추진할 도시 정책들은 그린 뉴딜, 스마트시티, 생활 SOC, 디지털 뉴딜, 생물다양성, 청년·신혼·저소득층 주택, 건강하고 안전한 도시, 거버넌스, 공동체 주인의 공유 자산, 도시재생 뉴딜 정책 등을 들 수 있다. 이 중에서 전문가로서 조경인은 그린 뉴딜, 스마트시티, 생활 SOC, 도시재생 뉴딜, 거버넌스 등 다섯 개 정책에 주목할 필요가 있다.

첫째는 '그린 뉴딜'로, 한국 사회의 당면 과제인 기후변화와 경제적 불평등, 일자리 문제를 해결하고자 한국형 뉴딜의 핵심 축으로 추진하는 정책이다. 오는 2025년까지 총 73.4조 원을 투자해, 65만 9천 개 일자리를 창출하고, 1,229만 톤의 온실가스 감축(2025년 정부 목표량의 20.1%)을 기대하는 정책이다. 두 번째는 '스마트시티'로, 도시를 운영하고 서비스하는 데 있어서 효율성을 최대화하기 위해 사물인터넷과 정보통신 기술을 활용해 도시를 관리하고자 공모 사업을 비롯한 다양한 사업이 추진되고 있는 정책이다. 세 번째는 '생활 SOC'로, 일상생활에 필요한 보육 시설, 노인복지 시설, 응급의료 시설, 일반 병원, 보건 시설,

공공 도서관, 체육 시설, 공원, 문화 시설, 교통 시설 등을 복합화해 향후 3년간 30조 원이 투자되는 정책이다. 네 번째는 '도시재생 뉴딜'로, 국토의 균형 발전은 물론 쇠퇴한 도시의 활성화와 일자리를 창출하고자 5년간 500곳에 50조의 재정 사업을 투자하는 정책이다. 마지막으로 다섯 번째는 '거버넌스'로, 다양한 이해를 가진 시민들의 협력을 통해 합리적으로 도시를 경영하는 정책으로 시대 변화에 대응해 반드시 준비해야 할 가장 중요한 정책이다.

이상과 같은 포용도시 정책에 전문가로서 조경인은 적극 참여해야 한다. 예를 들어 시민의 요구 파악 및 아카데미 구축, 관련 전문가들과 협력 및 파트너십 구축, 프로그램 개발과 커뮤니티 디자이너 역할, 특화 공간 제안과 모형 개발, 협동조합, 사회적 경제, 스타트업 창업 등 다양한 역할을 찾을 수 있다. 특히 파리의 프롬나드 플랑테, 뉴욕의 하이라인, 서울의 서울로7017 등의 사례와 같이 시민들이 참여하는 공공 조경 사례를 적극 제안하고 참여하는 전문가로서의 열정과 지혜가 필요하다.

04

조경산업의
미래

조경 진흥? 왜, 무엇을 해야 할까

최정민

조경 진흥, 이 단어만큼 조경하는 사람들을 설레게 하는 말이
있을까. 조경진흥법(2016년 1월 7일 시행)에 따라 5년마다 기본계획
을 수립하여 조경 진흥을 진행한다. 2021년은 '제2차조경진흥
기본계획'(2022년 시행)을 준비하는 해였다. 행간을 통해 짐작될 것
이다. '제1차조경진흥계획'이 있었고, 별다른 일없이 지나갔다
는 것을.

'제2차조경진흥기본계획'을 준비하는 과정은 많은 이야기를
듣는 과정이기도 했다. 많은 사람이 조경 진흥을 '조경(산)업 진
흥'으로 이야기한다. 적정한 설계 대가, 조경사 자격 도입, 매출
향상, 기술자 복지를 위한 지원, 조경수 재배와 자재 생산을 위
한 '조경진흥단지' 조성, 조경 진흥 시설 지정 등을 주요 숙원 사
업으로 꼽는다. 좀 더 나은 대우와 보수, 사업적 성공을 바라는
것이다. 마다할 사람이 어디 있겠는가. 조경이 스스로 이룰 수
있었다면 숙원이 되지 않았을 것이다. 누군가의 도움이 필요하

다. 그런 누군가 있다면, 희망적이지는 않지만, 국가일 것이다.

이의를 제기하는 이들이 있다. 그들은 국가가 왜 특정 '업(조경)'을 진흥해야 하는가? 그런 식이라면 토목 진흥, 설비 진흥, 도배 진흥처럼 모든 직종을 진흥해야 하는지 묻는다. '건축서비스진흥법'에 대해서는 문제를 제기하지 않는 그들의 의도가 불편하지만, 조경 진흥의 당위성에 대한 문제 제기인 것은 분명하다. 그들의 도발에 답하기 위해서라도 조경(업) 진흥의 당위성에 대한 성찰과 논의는 필요하다.

'조경(업) 진흥=조경 진흥'이라는 등식은 개연성 있다. 임업 분야는 정원, 가로수, 휴양림, 도시숲 등을 법제화하고, 산림복지진흥원, 임업진흥원, 산림조합 등을 통해 업을 진흥하고 있다. 정부 조직이 공공의 이익보다 집단의 이익을 대변하는 마피아적 행태다. 임업이라는 순혈 집단이 입법 능력 있는 강력한 정부 조직이기에 가능할 것이다. 누가 조경을 위해 이런 역할을 해줄까.

조경업 진흥이 조경 진흥이라면, '과연 성공한 조경가나 흥한 조경업이 조경을 진흥시켰나?'라고 반문할 수 있다. 동경하는 조경가와 성공한 조경업은 많은데, 왜 젊은 조경인들이 조경을 떠나고 학생들은 전공 분야 취업을 꺼릴까. 비슷한 맥락에서 '조경업 (진흥) 없이 조경은 불가능한가?'라는 반문도 가능하다. 비닐하우스, 묘목장, 중개상(나카마) 같은 '업'은 이 땅에 조경이라는 전문 직능이 정착되기 훨씬 전부터 영위해 온 조경 행위들이다. '내가 (조경) 제일 잘해'라고 말하는 사람들도 심심치 않게 많다. 그들은 조경업 (진흥) 없이 얼마든지 조경할 수 있다 할 것이다.

조경이 조경업만을 지칭하는 것은 아니다. 시대에 따라 조경의 정의는 변화해왔지만, 조경은 '대상(토지, 공간)'과 '행위(계획·설계·시공·관리 등)'라는 두 축을 근간으로 정의된다. 조경 공간은 조경 행위(업)의 대상이자 목적이다. 대상과 목적 없는 조경업 진흥이 가능하기는 한가. 조경업은 스스로 수요를 만들어내는 분야가 아니지 않은가. 조경업은 대상이 있을 때 필요하고, 대상을 통해서 성장하고 진흥된다. 그 결과물인 조경 공간이 공익에 이바지할 때 조경 진흥에 대한 공감대는 확산하고 당위성을 획득한다.

조경은 그런 능력이 있다. 기후변화 시대의 조경은 탄소중립을 실현할 수 있는 유일한 건설 분야라고 해도 과언이 아니다. 고령화 시대의 조경은 국민 건강과 행복에 기여할 수 있는 녹색 복지다. 글로컬 시대의 조경은 국가 품격을 나타내는 척도다. 이런 가치를 구현할 수 있는 공원과 녹지의 확충이나 리모델링, 녹색 복지로서 조경 공간의 발굴과 조성, OECD 국가 품격에 걸맞은 수준 있는 공공 조경 같은 '조경 (공간) 진흥'이 필요하다. 시대적 요구이기도 하다. 이를 위해서는 법과 제도, 정책이 필요하고, 수준 있는 조경 행위(업)가 요구된다. 국가적 차원에서 조경 진흥이 필요하고 절실한 이유다.

시대는 공공의 이익에 이바지할 수 있는 좋은 조경을 요구한다. 조경 진흥은 조경 집단의 부와 명성을 위한 것이 아니라 좋은 조경을 위해 필요한 것이다. 좋은 조경은 좋은 디자인만으로 이루어지지 않는다. 대부분의 현실 조경 행위(업)는 하도급으로 이루어진다. 문제는 설계자나 시공자가 적정 대가를 받지 못하는 것뿐만 아니라, 공식적으로 작품에 대한 크레디트를 받지 못하는 것이다. 작품이 없는데 작가가 있을 리 없고, 작가가 없는데 적정한 대우와 대가를 받기 어렵다. 조경사 자격 도입으로 해결될 문제가 아니다. 조경의 생산 시스템 문제이기 때문이다. 누가 평생을 하도급자로 살고 싶을까. 박봉과 야근은 참을 수 있어도 자기 작품에 대한 희망이 없는 것은 참기 어려울 것이다. 젊은 조경인들이 떠나고 학생들이 취업을 꺼리는 이유 아닐까.

열정과 디자인만으로 좋은 조경을 만들기 어렵다. 좋은 조경을 할 수 있는 환경을 디자인해야 하는 이유다. 다단계 하도급 구조의 개선, 실명제credit를 통한 설계자와 시공자의 책임성과 자율성 보장, 설계 의도를 구현할 수 있는 감리 같은 제도적 장치는 수준 있는 조경을 위한 첫걸음이다. '자칭 조경 제일 잘하는 사람'과 다른 질적 차이를 만들어내는 것이 (전문) 조경업의 존재 이유이자 조경 진흥의 당위성일 것이다. 수준 있는 조경은 공공의 이익에 기여하고, 조경에 대한 인식을 높이며, 조경 진흥에 대한 공감대를 형성한다. 이런 과정에서 조경업이 동반 성장하는 것, 그것이 조경 진흥의 길 아닐까.

조경산업의 미래와 대응 방안

권영휴

최근 조경의 미래를 어둡게 전망하는 이들이 적지 않다. 그래서일까. 일부 대학의 조경학과 입학 경쟁률이 예년에 비해 낮아진 곳도 있다. 과천의 조경수 묘목 시장 매출도 줄었다. 나무를 심는 사람들이 줄어들었기 때문이다. 그러나 다음 몇 가지 측면의 연구를 통해 조경산업의 미래를 조심스럽게 낙관해본다.

2009년, 건설산업연구원은 건설산업의 투자 및 형태 변화에 대한 데이터를 분석하여 미래의 건설 수요를 명쾌하게 예측한 바 있다. OECD 국가 23개국의 38년간 데이터를 기초로 소득 수준과 전체 건설 투자 비중의 관계를 분석한 결과, 1인당 GDP가 약 12,000달러 수준까지는 소득 수준 증가에 따라 건설 투자 비중이 지속해서 느는데, 이후에는 소득 증가에도 불구하고 건설 투자 비중이 점차 감소하는 특징을 보인다. 1인당 GDP가 3만 달러에 도달하면 건설 투자 비중이 더욱 감소하여 10%를 조금 상회하는 수준에 머무는 것으로 분석되었다. 우리나라도

1990년대에는 국내 총생산에서 건설 투자가 차지하는 비중이 20%를 상회하며 최고의 전성기를 지나왔으나, 1인당 GDP가 3만 달러에 도달한 현 시점에서는 건설 투자 비중이 16% 선으로 줄어들고 있다. 따라서 조경산업은 현 수준인 7조 원 정도의 시장이 유지될 것으로 전망된다. 이처럼 건설산업은 GDP와 연계되어 증가하게 되므로 우리나라 GDP가 선진국 수준인 5~6만 달러 수준에 도달하게 되면 조경산업의 규모도 이에 비례하여 증가할 것으로 예상된다.

위의 연구에서 우리나라는 건설산업이 성숙기에 진입함에 따라 과거와 같이 대규모 신도시 개발, 기본 SOC 시설 확충 등의 프로젝트는 많지 않으리라고 예상되었다. 건설 패턴도 선진국 형태로 변모하여 커뮤니티 및 자연 친화형 주거 공간 창조, 녹색 빌딩, 초고층 빌딩, 도로 확장, 초고속 하이웨이 및 철도, 초장대교량 등 신기술에 의해 사회적 니즈를 질적으로 더 충족시키는 건설 프로젝트와 도심 재생, 주택 리모델링, SOC 시설 유지 보수, 기존 건축 및 시설물의 재생과 유지관리 분야 프로젝트가 늘어날 것으로 예측되었다.

2015년, 산림청은 해외 정원산업의 시장 규모는 2013년 210조 원(미국 55조 원, 일본 13조 원)에서 2018년 243조 원까지 약 16% 늘어나며, 2018년까지 정원산업 연평균 성장률은 2.9%가 될 것으로 예측되어 지금 추세보다도 다소 증가할 것으로 전망했다. 또한 이 보고서는 전문가 그룹 인식 조사를 통해 장단기 우리나라 정원산업 시장 규모를 예측한 결과, 2017년까지 단기적으로는 99.7~111.2% 성장하여 평균 13,487억 원, 2025년까지 장기적으로는 105.6~134.5% 성장하여 평균 15,362억 원, 최대 17,210억 원까지 성장할 것으로 전망했다.

이외에도 세계의 주요 도시의 1인당 공원 면적을 비교해보면, 우리나라의 1인당 공원 면적은 9.6㎡로 미국(뉴욕) 18.6㎡, 영국(런던) 26.9㎡의 1/2 수준에도 미치지 못하고 있다. 따라서 우리나라 국민소득이 미국, 영국 등 선진국 수준이 되면 이에 비례해 공원과 녹지 확충에 대한 요구가 늘어날 것으로 예상된다.

이상의 연구 결과들에 의하면 조경산업의 수요는 지속해서 꾸준하게 증가할 것으로 판단된다. 다만 급변하는 새로운 시장 변화에 어떻게 대응하느냐에 조경산업의 성패가 달려 있다고 본다. 우선 교육과 연구에 대해 창의적 변화를 추구해야 한다. 조경 트렌드에 맞는 공간계획과 설계 기법의 개발도 필요하지만 그동안 소홀히 다룬 유지관리와 수목 생산 등에 대한 교육도 보완되어야 한다. 현재 대학 교육에서는 조경 소재 중 가장 중요한 품목인 수목에 대한 과목이 한두 개만 개설되어 수목 번식과 생리 등 기초 교육도 이루어지지 않고 있다. 수목과 식물에 대한 이해가 없는 조경계획과 설계는 많은 오류를 낳을 수밖에 없다.

조경수 산업만 해도 연간 7천억 원 정도의 시장을 형성하고 있으나 조경수 생산을 위한 연구는 거의 이루어지지 않고 있다. 미국과 유럽의 여러 선진국의 경우, 조경수 유묘의 번식, 조경수 성목 생산 과정 등을 기계화하여 인력 투입을 최소화하고 있고 첨단 기술이 가미된 조경수 컨테이너 재배 등을 통해 고품질의 균일한 수목을 생산하고 있다. 최근 농촌진흥청과 산림청의 지원으로 컨테이너 재배 기술 등이 일부 연구되고 있으나 연구비 규모나 연구 참여 인력 등이 미미한 수준에 머무르고 있다. 조경 분야 연구 논문의 대부분은 계획과 설계 분야에 치중된 실정이다.

조경산업이 차별성과 경쟁력을 가지기 위해서는 녹색 기술 등 첨단 설계 기법 외에도 조경수 생산, 조경 유지관리 등의 선진 기술을 도입해야 한다. 특히 4차 산업혁명 시대를 맞아 조경수 생산용 농기계와 로봇 기술, 컨테이너 재배 기술, 조경수 재배와 유지관리 기술 등에 관한 연구와 이에 관련된 빅데이터를 구축해야 한다. 조경수 유묘 생산 등에 사물인터넷과 인공지능을 융합한 기술이 도입된 스마트팜을 조성해 조경수 생산 방식을 획기적으로 바꿔나가야 한다. 이를 위해서는 조경산업의 변화에 대응하는 면밀한 전략 수립과 이에 적합한 교육 과정의 보완이 필요하고, 실질적인 연구를 위한 조경가들의 노력과 함께 정부 차원의 관심과 지원이 절실하다.

조경산업,
믿음 없는 시장에 미래가 있는가

한용택

돌발적으로 발생한 코로나 사태, 이전부터 계속된 국내 건설 경기 부진 등 여러 문제가 쌓여 왔다. 당장 어떻게 할 수 없는 외부 환경을 제외하고, 과연 조경산업계가 미래에도 성장할 방향성을 제대로 갖추고 있는지 생각해 볼 필요가 있다.

우리나라 조경 자재와 토목 자재 시장에는 오로지 가격만으로 승부하는 행태가 10년 전부터 만연해왔다. 이런 환경에서는 오랜 시간 동안 트렌드를 구축한 시장이 축소될 수밖에 없다. 오직 가격을 만족시키기 위한 저급품의 자재만 살아남을 것이기 때문이다. 발주처, 설계사, 감리 등 전문가들의 방임과 무시에서 기인한 현상이다. 이 글이 조경산업계의 어두운 부분을 밝히고 미래지향적 환경을 구축하는 작은 계기가 되길 바란다.

문제의 원인
시장의 변화를 법과 제도가 충분히 따라오지 못하고 또 지켜지지 않고 있는 것이 문제의 원인이다. 소비자는 전문성과 경험이 없으므로 자신이 필요로 하는 제품의 품질을 잘 모른 채 가격 정보에 의존해 물건을 구입한다. 자재 시장도 마찬가지다. 조경 자재를 선택할 때 사람들은 해당 자재에 관해 충분히 알지 못한 상태에서 여러 제품을 취급해야 하므로 가격을 기준으로 삼게 될 수밖에 없다. 가격이 주는 정보 외에 품질에 관한 신뢰를 줄 수 있는 것이 인증 제도다. 하지만 현재 자재 시장은 KS, 환경, 신기술 등 제반 인증에 따른 기준이 존재하지만 그 기준대로 제조되지 않아 문제가 많다.

　신호등이 도로 이용자에게 올바른 정보를 전해주는 것처럼, 법과 제도의 산물인 인증 제도 역시 자재 시장 참여자에게 올바른 정보를 전해야 한다. 선진국에서는 아무도 지나다니지 않는 도로에서도 빨간불이 켜지면 차량이 반드시 선다. 그렇기에 보행자가 안전하게 신호등만 믿고 도로를 건널 수 있다. 자재 시장도 마찬가지여서 시장에 참여하는 모든 기업은 경쟁이 아무리 치열해도 각국의 기준을 준수한다. 하지만 우리 자재 시장에서는 가격 경쟁이 치열하다는 이유로 기준조차 만족하지 못하는 제품들이 시장에 공급된다. 당장은 선택받을 수 있을지 몰라도 결국 시장에서 퇴출당하게 된다. 나아가 그런 불신이 이미 형성된 시장을 고사시키고 다른 자재로 대체되는 결과에 이른다. 콘크리트 경계석이 동파 등 품질 불량으로 인해 시장에서 퇴출당하고 석재 경계석으로 대체된 사례가 대표적이다. 사실상 불량 제품을 걸러주는 인증 시스템이 마비된 상황이다.

선진국과 우리는 무엇이 다른가

태산불사토양泰山不辭土壤 하해불택세류河海不擇細流. "태산은 한 줌
의 흙도 사양하지 않고 바다는 작은 물줄기라도 가리지 않는다"
는 뜻의 유명한 고사성어다. 이 말은 이래도 좋고 저래도 좋으니
무조건 다 받아들이기만 하면 크고 높아질 수 있다는 말로 자
주 오용된다. 실제로는 전혀 다른 말이다. 선진국의 경우 법과
제도가 사람들이 지킬 수 있는 범위 내에서 반드시 지켜야 할
것으로 구성된다. 인증도 마찬가지여서 일단 만들어지면 선진
국 기업들은 그것을 어떤 상황에도 불구하고 '반드시' 지킨다.
그렇게 검증 과정과 인증을 쌓아 올렸기에 선진국이 태산이 되
고 황하가 된 것이다.

　우리 기업들은 인증 제도를 통과하기만 하면 된다는 생각을
가지고 있다. 하지만 소비자에게 중요한 건 인증이 아니다. 그
인증의 신뢰가 중요한 것이다. 제도를 악용하고 기준을 중시하
지 않은 채 인증만 잔뜩 받아 영업으로 활용한다면, 소비자가
믿을 수 있는가. 믿음 없는 시장에 과연 미래가 있는가.

높은 기준에 맞춰 멀리 보아야

현재 정책에 반영되고 있는 여론을 살펴보면 국민들은 이미 친
환경 자재와 기능성 자재에 대해 큰 관심을 가지고 있다. 그만
큼 생태 환경과 기능성 등에 대한 기대 수준이 높아졌다는 뜻
이다. 자재 시장의 기준과 수준도 그런 눈높이를 따라가야 하는
데, 가격에만 집중하다 보니 기술과 노하우가 축적되지 않고 눈
속임과 요령만 난무하고 있다. 미래를 바라보기 위해 인증 제도

를 손보고 시장 질서를 바로잡아야 한다.

　현재 인증 제도 중 일부 분야는 인증이 너무 많아 제대로 검증할 수가 없다. 그러다 보니 처음 인증을 통과하느냐 마느냐에 중심을 둘 수밖에 없다. 인증을 받는 회사들도 그 점을 악용해 일회성 통과에만 목을 매고 통과한 뒤에는 이전으로 돌아가기 일쑤다. 187개의 법정 인증 제도와 민간 인증 제도가 있음에도 시장은 좀처럼 선진화되지 못하고 있다. 시장 참여자들이 중심이 되어 불필요하고 중복된 인증은 없애고 꼭 필요한 인증은 계속해서 검증받는 쪽으로 개선해 나가야 한다.

　ISO 인증이 왜 표준의 대명사가 되었는가. 일회성 표준이 아니라, 계속해서 검증하고 재인증하고 그 기준을 준수하는지 확인하기 때문이다. 그러니 살아 있는 시장의 인증이 된 것이고 작동하는 신호등이 되는 것이다. 조경산업 관련 인증 제도도 높은 기준으로 일회성 통과에 중점을 둘 것이 아니라 지속될 수 있는 인증 제도를 중점으로 시장을 개선해가야 한다.

　우리는 누구나 죽는다는 것을 알지만, 비록 유한한 삶일지라도 무한한 세상에 더 특별한 가치를 남기길 바란다. 그런 무한한 가치를 기업도 꿈꾸고, 국가도 꿈꾼다. 비록 나라는 한 사람은 죽을지 몰라도 그 뜻을 이어 세상을 보다 가치 있게 할 사람이 계속 존재하기 때문이다. 조경산업계도 그런 꿈을 앞서서 꾼 사람들의 노력과 헌신으로 가치와 기술이 축적되어 시장을 형성해왔다. 이런 현실에서 과연 조경산업계는 앞으로도 축적이 지속되어 시장이 확장될 수 있을 것인가. 조경산업계도 품질을 높여야 한다. 그래야 선택받을 수 있고, 미래가 있을 수 있다.

조금 더 나아진 조경의 미래가 반드시 있지 않을까요

김대수

조경 분야의 장기적 발전 전략이라는 거대 담론을 요구하는 원고 청탁에 부응하기에는 깜냥이 되지 못하는 터라 지난날의 소소한 일화를 통해 이러했으면 싶은 소망을 적어보려 한다. 지난날을 돌아보는 것이 진부하고 또 그 이야기냐 싶기도 하지만, 과거나 현재와 무관한 미래를 가늠하고 희망하기 어렵다는 점에서 내가 경험했던 과거의 기억 몇 가지를 꺼낸다.

첫 번째는 1970년대 말 시작된 대학 생활. 새로운 세상이 열릴 것 같은 희망을 안고 조경이라는 세상에 첫발을 내디딘 신입생들에게 기억되는 선배들의 고민은 기대와 호기심으로 가득했던 신출내기들의 고민과는 양상이 매우 달랐다. 기껏 공부해서 대학 나와 부잣집 정원이나 만드는 거 아닌가? 시작 단계인 조경업이 지지부진하니 그냥 반짝하고 나타났다 사라지는 산업은 아닌가? 하지만 그 선배들은 당시의 치열했던 고민만큼이나 열심히 조경을 하신 탓에 아직도 일선에서 건실한 회사를 운영하고 계신다. 열정.

두 번째는 1980년대 초반 원예학 수업 시간. 교수님이 하신 말씀이 아직 기억 속에 있다. 조경업 태동기였기에 조경학과 학생들에게 의욕을 불어넣기 위해 하신 취지였던 것 같다. 당시 원예, 조경, 라면 시장의 한 해 매출 규모가 2천억 원 정도로 비슷한데, 해외 유학 시절 선진국의 예를 드시며 조경 분야가 앞으로 크게 성장할 테니 모두 의욕을 가지고 열심히 학업에 매진하라는 권면이었다. 시간이 흘러 내가 학생들을 가르치는 입장이 되고 나서는 이와 유사한 시장 규모 변화와 조경 분야의 괄목할 만한 성과를 이야기하며 학생들에게 자긍심과 동기 부여를 하고 있다. 그때 이후 40년이 지났다. 내용과 정도는 다르지만 지나온 여느 때와 마찬가지로 낙관론은 없다.

학생들은 묻는다. 조경의 여러 영역에서 느끼는 위기감은 실제의 위기로 도래할 것인가? 대답은 명쾌하지 못하다. 작금의 건설 경기 불황과 인접 분야와의 업역 갈등은 조경산업의 미래와 정체성과 연결되어 기성 세대는 물론 미래 세대인 학생들에게도 불안과 학습 의욕 저하로까지 연결될까 우려되는 상황이다. 가르치는 게 직업이 되다 보니 장기적인 미래 낙관론을 얘기해주고 싶으나 현실은 녹록하지 않은 것 같다. 우리 입장만 강조해 서둘러 봉합하기보다는 조경과 인접 분야의 상생 발전을 도모해야 하지 않을까 싶다. 상생.

세 번째는 대학 시절 누군가가 장래 꿈을 물으면 항상 흰머리 수북한 할아버지가 되어도 제도판 앞에 앉아 골몰하며 도면을 그리는 것이라고 답하곤 했던 기억이다. 이제 학생들은 제도판에서 도면을 그리지 않는다. 시대가 변하면서 급기야 내 연구실에서도 제도판이 사라졌다. 선반 위의 파란색 접이식 도면함은 한창때 청사진 좀 사용해본 세대임을 보여주는 장식품이 되어버린 지 오래다. 주변 선배, 동료, 후배까지도 이제 현역에서 은퇴하는 시점이 되니 여러 생각과 감정이 교차한다.

세계화 시대에는 효율과 속도, 결과가 중요한 가치였지만 이제는 과정과 질이 더 중요시되는 시대가 되었다. 대부분의 조경시설물 설계가 설치 공간의 성격과 규모에 맞는 적절한 제품을 선택하는 것이 되다 보니 차별화되고 개성 있는 공간을 만든다는 게 쉽지 않은 현실이 되었다. 흰머리 수북해서도 삶의 공간을 매만지는 일을 하겠다던 그들의 검은 머리 무성했던 시절의 열정을 소환해 쟁쟁했던 그들의 경험과 노하우를 적극 활용하고 살려보자. 이렇게 보태고 연대한다면 도시재생처럼 섬세하고 지역의 역사와 특성을 살리는 섬세한 과정이 중요한 일에서 훨씬 수월하고 좋은 성과를 내지 않겠는가 하는 생각이 든다. 보수나 일자리 다툼의 영역을 넘어 사회 발전의 차원에서 모색이 필요한 시점이다. 동참.

네 번째는 최근의 일. 모 지자체 기술심의에서 경관과 관련된 방음벽 디자인과 대로변에 설치하는 안전 펜스의 설계자 제안이 시설 설치 목적 달성에 미치지 못해 이런저런 측면의 검토가 요청되었다. 앞선 경관심의에서 이 제안으로 결정되어서 자신들도 그렇게 생각하지만 검토한 내용을 반영할 수는 없다는 설계자의 답변이 돌아왔다. 앞선 심의 내용을 번복할 수 없다는 것이다. 전문 분야 기술자라면 발견된 문제를 고치는 게 마땅하지 않겠는가 반문하니, 일단 현 단계에서는 반영하지 못하는 것으로 하고 진행하면서 고쳐보겠다고 한다. 기술적으로 타당하고 마땅한 일의 처리를 그렇게 할 수는 없는 터라 앞선 심의 담당 부서와 기술적 데이터를 가지고 협의해보고 어려우면 위원들이 힘을 보태기로 했다. 며칠 후 제안자로부터 전화가 왔다. 다행히 검토한 내용으로 문제가 잘 정리가 되었다면서 지나고 보니 문제를 미루지 않고 부딪쳐 해결하고 나니 깔끔하게 일이 정리되고 명쾌해서 좋았다는 말도 함께 건넨다.

조경의 영역이 갈수록 넓고 다양해지고 있다. 경관, 디자인, 생태 등 유관 분야의 협의·조정 능력 발휘가 요청되고 있다. 그러나 한편으로는 다양한 분야의 조정 경험이 적을 수밖에 없는 젊은 조경 분야 기술자들이 이런 관문을 통과하기가 쉽지만은 않은 현실이다. 문제 해결을 위해 산학이 연계해 전문가들과 함께하는 캡스톤 디자인, 진로 지도, 현장 실습 등 다양한 시도로 서로 손을 맞잡고 헤쳐나가고 있지만, 넓고 다양해진 업역보다 더 넓고 다양한 조경산업 후속 세대인 학생들의 필요와 요구에 더 많은 관심과 협력이 필요한 시점이다. 관심과 협력.

모두가 만족스럽고 행복한 유토피아를 꿈꾸지만 그런 이상향이 있을 수 없을 거라는 생각이 더 드는 요즘이지만, 그래도 세월이 지나면 좀 더 나아질 거라는 희망과 기대를 가지고 50년 세월을 지나온 것처럼, 손에 손잡고 연대하며 뚜벅뚜벅 새로운 위기와 어려움을 극복해 간다면 그만큼의 시간이 흐른 뒤 조금 더 나아진 조경의 미래가 반드시 있지 않을까? 마음을 다독여 본다.

05

정원의 부활, 식물의 전성시대

정원의 새로운 정의가
필요한 시대

박희성

"정원은 문명과 자연의 직접적 친화력의 표현이자 명상이나 휴식에 적합한 즐거움의 장소로서, 이상화된 세상이라는 보편적 중요성을 가지고 있다. 정원의 어원은 '낙원'이며, 문화와 양식, 시대, 혹은 한 창조적 예술가의 독창성의 증거가 된다"(플로렌스헌장 제5조항).

   ICOMOS-IFLA 국제역사정원위원회는 1981년 5월 21일 플로렌스에서 열린 회의에서 역사정원에 관한 헌장 제정을 결정했고, 1982년 12월 15일 이코모스는 역사정원에 대한 '플로렌스헌장'을 공식적으로 채택했다. 플로렌스헌장은 역사정원도 베니스헌장의 정신에 따라 보존하여 미래 세대에 물려주어야 한다는 데 목적을 두고 작성한 것이기 때문에, 대부분은 정원의 보존과 복원에 관한 내용이 언급되어 있다. 하지만 정원의 본질 또한 간결하지만 탁월하게 서술했다. 헌장을 작성한 ICOMOS-IFLA 국제역사정원위원회는 보존 가치가 있는 역사정원을 통해 시대와 지역을 초월한 정원의 가치를 친화력, 즐거움, 이상향으로 꼽았고 인류사의 중요한 단면을 보여주는 정원술의 가치를 언급했다.

정원은 인류의 문명사와 함께 할 만큼 오래되었지만, 우리는 살면서 그 속성을 체화하는 게 쉽지 않다는 것을 잘 알고 있다. 그런 점에서 정원은 현대인에게 명백한 타자다. 정원 조성의 오랜 모티프였던 이상향의 신비로움은 사라진 지 오래며, 도시 환경에 익숙한 사람들은 정원 가꾸는 일에 서툴다. 무엇보다 우리 사회는 정원을 가꾸는 데 필요한 시간과 공간을 쉽게 허락하지 않는다.

정원이 우리의 삶에서 멀어진 것은 비교적 최근의 일이다. 정원의 본격적인 상실은 대다수 중산층이 살았던 단독 주택이 다세대·다가구 주택으로 개량되거나 아파트 숲에 갇히면서부터다. 주택이 아파트로 대체됨에 따라 미약하나마 존재하고 있었던 주택 정원과 정원 가꾸기 문화는 빠른 속도로 쇠퇴했다. 사람들은 내가 만들고 가꾸는 정원 대신 전문가의 손길로 탄생한 세련된 외부 공간을 소비하는 데 익숙해졌으며, 정원은 아파트 베란다와 거실로 축소되거나 사라졌다. 정원 가꾸기 문화는 우리 사회에 자리 잡기도 전에 주거 환경의 급변하는 물살에 잠식당했다.

최근 사회는 여러 굵직한 변화의 기점을 마주하고 있다. 코로나19 팬데믹을 거치면서 반강제적으로 고립된 삶을 살아보았고 산불과 폭우 등 전에 없는 자연재해를 집중적으로 경험하면서 기후 위기가 목전에 왔음을 실감했다. 지금 우리는 과거 어느 때보다 진지하고 심각하게 건강한 미래, 행복한 삶을 사는 방식에 대하여 귀 기울이고 있다.

좀처럼 부활할 기미가 없었던 정원이 최근 세간의 주목을 받기 시작한 것도 이러한 일련의 사회적 배경과 무관하지 않다. 정원이 치유와 위로의 수단이자 건강한 삶을 영위하는 데 필요한 지속가능한 실천적 대안으로 떠오른 것이다. 사회에 잠재되어 있던 정원에 대한 관심과 수요는 농촌진흥청, 산림청, 환경부 등 정부 기관과 기초 지자체의 관심과 맞물리면서 짧은 시간 사이에 사회 전반에서 폭발적으로 증가했다. 사회적 수요에 정부의 정책 방향이 적시에 호응하기란 쉽지 않은데, 정원 사업은 그런 점에서 성장할 수 있는 동력을 전방위로 잘 갖춘 셈이다.

특히 산림청은 2001년에 신설한 '수목원 조성 및 진흥에 관한 법률'을 2015년 '수목원·정원의 조성 및 진흥에 관한 법률'로 개정하고 정원 사업에 본격적으로 뛰어들었다. 산림청은 법제 개편 이후 지금까지 전국에서 국가정원과 지방정원, 민간정원, 공동체정원 등 다양한 정원의 조성을 견인했고, 지속가능한 정원 문화를 위한 가드닝 교육, 정원 소재 발굴, 시민정원사 등 인력 양성에 주력했다. 향후에는 담양에 한국정원문화원(가칭) 조성을 시작으로, 춘천의 정원소재실용화센터(가칭)와 거제의 한-아세안 국가정원까지 정원 교육과 소재 개발, 홍보를 담당하게 될 국가 전문기관이 전국 곳곳에 건립될 예정이다.

정원 사업에 대한 산림청의 적극적 행보는 전례가 없는 것으로, 지역 파급력 또한 적지 않다. 국가가 주도하는 정원 사업은 향후 어떤 방식으로든 우리 땅에 새로운 개념의 정원을 자리매김하게 될 것이다. 그리고 이때의 정원은 우리가 전통적으로 알고 있는 것과는 다른 양태다. 조경계는 제도에서부터 조성과 관리와 활용의 측면에 이르기까지 이 시대에 필요한 정원의 기능을 고민해야 한다. 첫째, 국가 주도의 정원 사업에 필요한 정원의 역할과 기능을 미래지향적으로 제안하고 '정원도시'의 거대 담론을 만들어낼 필요가 있다. 둘째, 조경가는 국토 환경 개선의 대체재로서 공공 정원의 효용성을 몸소 보여줘야 하는데, 협업과 참여의 여지를 남겨 지역민과 함께하는 실천 방법을 고민해야 한다. 셋째, 정원의 사회적 파급력은 거버넌스 주도의 사회 운동으로 자리매김할 때 그 효과가 증명된다. 사회활동가로서 지역 조경가의 역할과 지역 공무원의 열정이 무엇보다 중요하다.

이제 국가 주도의 정원 사업은 거스를 수 없는 대세가 되었다. 조경계는 국토 환경에 정원이 긍정적으로 자리매김할 수 있도록 변화하는 사회의 흐름을 견지하고 정원의 양태와 방향을 적극적으로 리드해야 한다.

정원, 일상의 놀이가 되다

이성현

정원 현장에서 일한 지 25년이 지났다. 지금의 정원은 그때와 비교해보면 많은 변화와 성장을 해 왔다. 우선 정원 교육에 참여하는 일반인들의 열기가 뜨겁고 전문화되어 가고 있다는 점에서 정원의 확장성을 엿볼 수 있다. 이런 점은 정원 쪽에서 일하는 사람이라면 다 느끼고 있을 것이다. 관련 비영리 단체도 많아지고, 정원박람회도 다 가보기 어려울 정도로 많아졌다. 문화 사회로 변해가는 길목, 정원이 호기를 맞았다. 최근 정원 디자인의 경향은 도면 위에서 시작하는 디자인과 함께 시공 현장뿐만 아니라 정원 문화와 정원 놀이로 진화해가는 중이다. 이와 같이 변화하고 있는 현장에서 필자의 경험을 공유해보고자 한다.

　요즘 정원이 가장 많은 사람과 깊이 만나고 있는 현장은 마을정원이다. 경기도 정원문화박람회를 통해 마을정원을 시작하게 되었다. 박람회의 지속적인 문화적 확장을 기대하고 시작한 것이 큰 성과를 보이고 있다. 부천 아파트 단지의 마을정원은 공동체를 더 가깝게 이어주는 계기가 되었고, 마을의 특색을 마을 사람들 스스로 발견하는 시간이 되었다. 안산 일동의 마을정원은 마을의 자원을 정원과 결합함으로써 새로운 공간을 만들고 이를 통해 마을 일자리까지 상상해보고 실천에 옮기는 계기로 발전하고 있다. 마을정원을 문화·복지 사업으로 보면 좀 더 다양하고 큰 그림을 그리는 기회가 될 것이다.

정원이 만나고 있는 새로운 공간도 늘어나고 있다. 최근에는 장애우들의 문화예술 공간에 정원이 만들어지면서 정원이 장애우들의 예술 공간으로 자리 잡고 쉼터와 영감을 제공하는 공간이 되고 있다. 또한 추모공원에서는 정원형 수목장을 조성해 일상에서 쉽게 추모의 시간을 마주하는 공간으로 변화를 준비하고 있다. 단순한 추모가 아닌 고인을 만나는 다양한 추모 문화공간으로 진화하고 있다.

개인의 작은 정원도 미적 환경 조성을 넘어 일상의 놀이공간으로 만들어지고 있다. 가든파티를 즐길 수 있는 공간과 여가생활을 더 재미있게 할 수 있는 공간 구성으로 디자인 변화가 시도되고 있다. 이러한 변화를 디자인에서 시공까지, 그리고 문화 프로그램까지 접목하는 노력이 필요하다. 이러한 노력으로 친환경 예술 공간을 조성하고 가꾸는 과정을 통해 사람들에게 정원을 재미있게 경험하게 하는 다양한 방법을 제시할 수 있다.

정원 봉사에서는 참여자에게 큰 역할을 기대하기보다는 참여자가 오랜 시간 활동하면서 정원을 깊이 만나는 계기를 부여하는 게 바람직하다. 이러한 봉사 활동은 매년 '꿈꾸는 정원'(기부 정원)을 조성하는 사업으로도 연결되고 있어 사회공헌 기회를 열고 있다. 최근 '푸르네 가든볼런티어'로 시작해 '한국장미회'로 발전한 민간단체 활동도 주목할 만한 정원 봉사다.

또한 정원은 환경 조성만이 아니라 새로운 일자리를 만들어내고 있다. 푸르네 놀이정원사가 그 이야기다. 전 세대별 정원 문화 프로그램을 개발해 그 진행을 놀이정원사들이 담당하고 있다. 특히 경력 단절 여성들에게는 정원을 통해 사회 참여를 돕는 좋은 일자리로 발전하고 있다.

최근까지는 '정원이 생활을 디자인한다'라는 주제로 일상에서 정원이 주는 유익에 관한 이야기를 많이 했다면, 앞으로는 '정원, 일상의 놀이가 되다'라는 주제로 좀 더 현대인의 생활 패턴에 맞고 젊은 세대에게 놀이로 받아들여질 수 있는 정원을 시도하는 것이 바람직하다. SNS를 활용한 다양한 시도를 모색한다면 더욱 바람직하다 하겠다.

조경이라 쓰고 정원을 말하다

진혜영

나는 나의 일을 사랑한다. 조경을 전공하면서 식물과 수목원·식물원에 관심을 두기 시작했고 작은 공간 디자인에서 도시계획에 이르기까지 "라떼는 말이야, 종합예술과학이라 불리던 조경"을 공부했음을 감사하며 오늘을 살아가는 1인이다. 2002년 조경 전공자로는 처음 국립수목원에 입사했다. 그 당시에는 조경학 전공자가 수목원 또는 식물원과 큰 관련 없어 보였던 시절인지라, 나름의 치열함으로 시작해서 지금 열아홉 번째 광릉의 가을을 맞이하고 있다. 시대의 화두인 정원 정책과 연구를 수행하고 있으며 정책 실현의 짜릿함을 맛보고 있다. 초기에는 '정원'의 사전적·학문적 정의에 대한 학계의 논란과 부처 간 업무 중복 쟁점으로 어려움이 있었다. 업역이라는 것이 존재하는 한 조경과 정원, 여기에 원예와 산림까지 관계성을 무시하고 정원 정책과 사업을 칼로 무 자르듯 선을 그어낼 수 없는 상황이었다. 양보와 통섭 과정을 통해 정원 정책은 현재에 이르렀다.

그런데 그렇게 치열했던 2015년을 보내고, 정원이 그들의 배경으로만 연계되었을 다양한 예술, 문화, 기술 영역과 콜라보 가능성을 보면서 '꼭 정원이라는 명확한 정의 아래 한정된 학문 또는 업무로 규정짓는 것이 뉴노멀을 논하는 지금 시대에 적합한가'라는 생각이 들었다. 물론 업역의 존립과 관계되는 일이기 때문에 독립적 영역이 필요하지만, 변화하는 시대 환경 속에서 '함께'가 더 가치 있고 지속가능한 시너지를 생산할 수 있지 않겠는가.

제2차 정원진흥기본계획(2021~2025)이 수립되면서 정원 정책과 규모에는 하드웨어뿐 아니라 소프트웨어 측면에서 상당한 변화가 있었다. 그래서 정원은 새로운 리더십을 통해 전문 영역을 개척하는 것이 더욱 중요하며, 공익성과 사회적 가치에 기반한 연구와 사업 발굴이 더 중요할 수 있다. 이런 환경에서 조경이 지닌 잠재력은 크다. 다만 축적된 기술과 경험을 바탕으로 어느 분야가 어떤 아이템으로 선제적 발전을 주도하느냐의 문제다. 몇 가지 제언을 하고자 한다.

우선, 사회적 문제 해결 수단으로 정원을 활용하는 것이다. 마사시 소가Masashi Soga 등이 2017년에 수행한 가드닝의 유익에 대한 메타 분석에 따르면, 가드닝 활동에 참여하는 것은 우울증과 불안 증상을 감소시키고 스트레스 완화와 기분장애 해소 등 광범위한 영역에서 긍정적 결과를 낳는다. 영국의 최근 통계에 따르면, 1차 진료 기관 상담 예약 환자 중 20%가 사회적·심리적 문제를 해결하기 위해 찾아오는 것으로 추정되는데, 이러한 문제를 심각하게 받아들인 중앙정부는 담당부처를 개설하고 문제 해결을 위해 사회적 처방 정책을 적극 추진하고 있다. 사회적 처방은 사람들에게 건강과 잘 사는 것에 대한 책임과 권한을 제공하고, 프로그램은 경험뿐 아니라 사람들의 새로운 관계 형성을 돕고 신체적 활동 수위를 높이거나 만들어낸다. 그것 자체로 어떤 사람들에게는 새로운 삶의 기회를 제공할 수도 있다. 우리의 조경도 '조경건축landscape architecture'뿐 아니라 치유 조경therapeutic landscape의 영역을 포괄하는 접근이 필요하다고 본다. 이러한 점 역시 제2차 정원진흥기본계획에 포함되어 있다. '치유와 처방의 공간'을 과학적으로 설계하고 효율적으로 운영할 수 있는 많은 경험과 노하우가 조경에 있지 않은가.

　다음은 기피 및 혐오 시설의 정비에 정원 조성과 운영을 적극 활용하는 것이다. 기피 및 혐오 시설은 지역 주민에게 공포감과 고통을 주거나 주변 지역의 쾌적성이 훼손됨으로써 집값과 땅값이 내려가는 등 부정적 외부 효과를 유발하는 시설로, 장사 시설, 환경 시설, 수용 및 요양 시설, 발전소와 송전탑 등이 포함된다. 기존 하수 및 분뇨 처리장을 자연학습장으로 만든 남양주 화도푸른물센터, 공원의 형태로 기피 시설에 접근한 화성 함백산 메모리얼파크의 화장장 등 좋은 사례도 있지만, 봉안당 시설인 이천 에덴낙원 메모리얼 리조트의 정원과 호스피스 병동인 포천 모현의료센터 기적 정원처럼 좀 더 섬세한 정원 공간으로 접근하면 좋지 않을까. 특히 화강암 채석장, 축사, 태양광 발전소 이전 지역과 같은 공간은 복원 비용을 감안한다면 지형을 이용한 특색 있는 정원을 만드는 것도 좋은 수단이 될 수 있을 것이다. 이러한 예를 중국 상하이의 인터콘티넨탈 상하이 원더

랜드에서 볼 수 있다.

　마지막으로, 이른바 뉴노멀의 시대를 이끌어갈 하이브리드 역량을 갖춘 인재 양성에 힘써야 한다. 다양한 분야를 받아들이고 접목할 기회가 그들에게 주어져야 하며, 이를 위해 정원 정책과 사업이 충분히 활용될 수 있기를 바란다. 자기 분야는 물론이고 다른 분야에도 일가견 있는 종합적 사고 능력을 가진 사람을 'T자형 인간'이라 한다. T의 '—'는 횡적으로 다른 분야에 대한 기본 지식과 문제 해결 능력 등을 고루 아는 제너럴리스트, 'I'은 종적으로 특정 분야의 전문 지식과 능력을 깊이 아는 스페셜리스트를 뜻한다. T자형 조경 분야는 T자형 인재들의 역량을 키워 더 큰 발전을 도모할 수 있을 것이다.

길이 정원이다

최희숙

'길이 정원이다' 프로젝트는 LH 본사가 진주로 이전한 뒤 지역 주민과의 소통과 친밀감 강화를 위해 부서가 가진 업무 특성을 살린 생활 밀착형 사회공헌 활동으로 환경조경나눔연구원과 함께 시행했다.

그 첫 번째는 진주 옥봉동 골목길 개선 사업으로, 대상지는 마을 중심 가장 높은 곳에 있는 삼국시대 옥봉 고분군을 중심으로 산기슭에 형성된 오래된 마을의 골목길이었다. 고불고불한 골목길을 따라 옹기종기 모여있는 마을의 대부분을 폐가와 공가가 다수를 차지하고 있었지만, 마을에 사는 주민들의 지역 역사에 대한 자부심이 서울이나 수도권과 다른 느낌을 주었다. 분명한 것은 이 마을에서 오랫동안 생활해 온 원주민들은 새롭고 넓은 집과 도로 건설 등이 주는 경제적 가치에 집중하기보다 자기 생활의 많은 공간이 갑자기 사라지는 것을 원치 않고 최소한의 편의 시설과 집 근처 한편에 반려 식물 공간이 자리하기를 원한다는 점이었다.

이런 중소 지방도시의 특성에 맞추어 약 4개월여 기간을 거쳐 프로젝트가 완료되었다. 시공 과정에서 주민들과의 작은 마찰도 있었지만, 완료 시점에는 모두가 그 공간의 작은 새로움에 축하와 감사하는 마음으로 마무리되었다.

두 번째 프로젝트는 진주 가좌천 문화의 거리 활성화 사업이었다. 첫 번째 프로젝트의 호응에 힘입어 진주 경상대 인근 주민과 지자체가 협업해 줄 것을 LH에 요청해서 참여한 사례다. 진주시의 인구 구성은 노령층과 대학가 중심 청년층이 주를 이루고 있다. 옥봉동 골목길 개선 사업이 노령층을 위한 사업이었다면, 가좌천 문화의 거리 사업은 젊은이가 주 이용자가 되고 노래하고 시를 읊고 잔잔한 흥을 즐기는 진주라는 도시의 문화를 이 공간에 담기 원하는 사업이었다. 학교를 따라 길게 형성된 녹지와 보행로에 음악과 전시, 커뮤니티가 이루어질 수 있는 공간들을 제공하기 위해 거리의 명칭 공모(가좌천 문화의 거리→볼래로)에서부터 설계, 공사 준공에 이르기까지 시민, 지자체와 함께 공감하고 소통하며 완료하여 더 큰 의미를 생산하게 되었다.

두 차례의 '길이 정원이다' 사업의 짧은 경험을 통해 가장 크게 느낀 것은 지역 주민들이 가장 원하고 주도적으로 할 수 있는 일이어야 한다는 점이다. 이제껏 우리나라는 대규모 개발 사업의 속도전이 모든 사업에 적용된 경우가 적지 않았다. 주거 환경 개선 사업과 도시재생 뉴딜 사업은 분명 다르게 진행되어야 하며, 각 지역의 서로 다른 요구 사항을 충분히 반영할 수 있도록 조금은 느리게 가는 사업이어야 하지 않을까.

특히 지방 도시 소멸에 대한 대책으로 수도권의 틀에 박힌 도시처럼 만들거나 잠깐 시선을 끄는 행사(꽃 축제, 특산물 축제)로 비슷한 도시를 재생산하는 제안은 맞지 않는 옷을 입히거나 일회성 흥행의 인기몰이에 영합한 근시안적 사업 방식이라고 생각한다. 지역의 역사성과 장소성이라는 조금은 식상한 이야기를 하지 않더라도, 지역 주민들이 가장 편하게 생활하고 누릴 수 있는 공간은 장소성을 자연스럽게 묻어나도록 할 수 있으며 지속 가능한 도시를 가능하게 하는 방안일 것이다. 주민 밀착형의 느린 재생이 지속가능한 도시와 사회를 만드는 빠른 길이다. 마을 한쪽에 자연이 있고, 또 주민들의 아주 오래된 이야기가 담겨 있어 주민들이 진정한 주인이 되는 도시와 마을을 만들어 갈 지혜가 필요하다.

전시연출 조경과
정원문화 관광 상품화

안인숙

우주 공간을 비롯해 지구촌 전체가 과학기술의 자동 신경체가 되고 있는 시대에 '조경인이 그리는 미래'는 참 멋진 말이다. 미래에 대해 과학기술 분야, 미래학이나 정치학·경제학 등 사회과학 분야가 아닌 조경 분야에서 미래를 논한다는 것 자체가 상당한 의미와 가치가 있는 일이다. 조경인이 그리는 미래는 과연 무엇일까. 필자는 지금까지 해온 일에서 답을 찾고자 한다. 필자는 다년간 전국의 축제와 박람회의 공간을 연출해왔다.

여러 미래학자가 말하기를 현재 전개되고 있는 지구촌의 가속적 추진력은 사회적 측면뿐 아니라 개인적, 심리적 측면에서도 중요한 의미가 있다고 한다. 변화의 속도는 변화의 방향과 전혀 다르고 이에 따른 변화의 내용도 천차만별이라 한다. 사회의 변화 속도에 발맞춰진 조경의 변화 방향과 내용을 고민하게 만든다.

우선, 필자는 지역의 땅에 새겨진 그 지역만의 고유한 이야기

와 그 지역의 유명한 점을 강점 기회 전략으로 삼아 문화 상징
화하는 작업을 최우선으로 했다. 전라남도 장성군은 황룡면,
황룡강, 황룡 고을에 전해지는 3겹의 황룡 이야기를 토대로 옐
로우 시티라는 도시 이미지를 심고 이를 뒷받침하는 전략으로
노란색으로 도시 마케팅에 성공했다. 장성군은 전국 지방자치
단체 가운데 처음으로 식물의 특정 색을 조경 기법으로 연출해
미학적 상징성을 입히고 정원문화 관광 상품화에 성공했다.

두 번째는 전시연출 조경의 범주에 다양한 역사 이야기를 담
아 예술 작품처럼 연출하는 것이다. 1천 년 역사를 가진 신라인
들은 산과 들의 꽃과 산채, 약초를 텃밭에 심어 신선한 식탁 문
화를 만들고 즐겼다는 역사를 바탕으로, 신라 시대의 문화재와
설화, 현재의 가을꽃과 도시 원예가 함께하는 나들이 문화와
시민이 직접 참여해 즐길 수 있는 치유 공간을 구상하고 천년의
꽃-천년의 약속-천년의 별-천년의 그림이란 소주제를 설정하
여 방문객들이 편하게 쉬어가도록 예술적 공간을 표현했다.

세 번째는 녹색 치유의 하나인 치유 농업을 조경으로 연출해
이야기하는 것이다. 녹색 치유는 식물의 전시연출을 통해 사람
의 마음을 움직이고 행복감을 준다. 조경 재료를 치유가 되는
식물과 곤충뿐 아니라 치유 원예 프로그램과 치유 농식품 체
험까지 아우르고 정신적 편안함과 심리적 행복감을 전달하는
의학적 접근도 함께 고민해 접목해야 한다는 것이 필자의 경험
이다.

네 번째로 전시연출 조경은 항상 새로움을 끼워 넣는 작업이
다. 매년 반복되고 중첩되는 문화 행사를 어떻게 매년 다르게

표현해서 방문객으로부터 새롭다는 감탄사를 자아낼 것인가란 마인드가 필요하다. 전시연출에 있어 자연을 기본으로 담고 의미와 이야기가 있는 새로움을 끼워 넣어 다름을 표현하는 조경 철학을 '검이불루 화이불치檢而不陋 華而不侈'라 표현하고 싶다. 검소하나 누추하지 않고 화려하나 사치스럽지 않다는 정신으로 조경에 임하는 것이 조경인의 기본자세일 것이라고 본다.

마지막으로, 조경은 시대의 흐름과 예술·문화의 변화에 발맞춰 일상의 소중함을 만들어 가야 한다. 세계적 감염병 대유행으로 사회적 거리두기 문화가 새로운 문화가 되었다. 이런 상황에서 조경인에게는 꽃과 어우러진 오브제, 자연과 조화를 강조한 조경 연출 등 현장의 생동감을 전달하는 미래지향적 도전이 필요하다. 실제 공간을 조성하고 전시 연출하는 계획과 더불어 플랜B를 준비하여 시대의 흐름 속에 잃어버린 평범한 일상이 단절되지 않는 생활 속 조경이 조경 시장을 유혹하고 있다. 아파트 난간뜰, 가정의 쌈지 공간, 카페 등 사람들이 모이는 공간에서 건축과 조명, 인테리어에 꽃과 식물로 꾸미는 실내조경 인테리어가 자연스럽게 접목되어 공간의 미학성과 쾌적성이 개선되는 반가운 흐름이 일어나고 있다. 또한 야외 공간 중심의 조경에서 이제는 디지털 환경에 맞는 온라인 가상 공간의 조경이 새로운 영역으로 등장하고 있다.

식물을 선택, 조합하는 영역을 넘어 땅이 내어준 자연에 어느 시간에서든 어느 공간에서든 본래의 자연답게 예술 작품을 창조하는 일로 공간의 역사와 문화, 소재의 특별성 사이의 조화력을 키워나간다면, 미래 조경의 가능성은 무궁무진할 것이다. 원격 대면과 화상 대면이 일상화되는 시대의 흐름에 맞춰 미래를 대비하는 폭넓은 지식과 안목, 관심과 연구가 필요하다.

바람도 소리도 조경이다

이종석

바람이 만드는 풍경

한적한 남도 시골길, 왕대나무 숲 가장자리 길을 따라 걷다가 문득 산들바람이 스쳐 지나는 소리를 듣는다. 댓잎들의 재잘대는 소리가 있고, 좀 더 센바람이 지나갈라치면 쏴-아- 하고 대숲에서 시냇물 흐르는 소리가 들리기도 한다.

물오른 능수버들 가지 사이를 비켜 가는 꽃바람은 잠자는 버들강아지를 흔들어 깨운다. 소리는 없고 오직 흔들림이 있을 따름이다.

봄빛 따사로운 어느 한낮, 뜰 앞에 피어난 흰 목련꽃을 장난스레 건드려 한 장 꽃잎을 떨어뜨려 놓고 지나가는 것은 심술쟁이 봄바람이다. 마치 프러포즈에 대꾸를 아니 하여 심술을 부리는 것처럼 보인다.

큰 솔밭 사이를 지나노라면 솔잎 사이를 스치는 바람 소리가 들린다. 동네 총각이 이웃집 처녀를 불러내는 휘파람 소리 같다.

폭넓은 강나루에서 흰 돛단배를 밀어주는 것도 바람이다. 한가로운 풍경 그 자체가 한 폭의 그림이자 아름다운 경관이다.

노을이 질 무렵 산사 대웅전 처마 끝에 매달린 풍경風磬은 실바람이 스치면서 소리를 낸다. 적막함을 알리는 바람의 그림자다.

늦은 봄 전라도 고창의 청보리밭은 싱그러운 초록 바탕이다. 여기에 바람이라도 보태질라치면 서해의 파도가 넘실대는 듯한 초록 물결이 일렁인다. 역동적인 풍경의 파노라마다.

또한 한적한 시골길 냇가 물억새 꽃무리의 나부낌은 가을바람임을 일깨워준다.

그런가 하면 진눈깨비 흩날리는 어두운 밤, 천리포 바닷가 산언저리에 있는 뇌성목雷聲木의 마른 잎이 바스락대면 한겨울의 삭풍임을 말해준다.

바람은 소리를 만드는 마술사이고, 소리는 바람의 친구이다. 이러한 정경들은 바람과 소리가 만들어낸 소소한 경관들이다. 조경이 무심코 지나쳤던 아름다운 경관 요소들이 아닌가 싶다. 자연의 바람과 소리를 정원에 도입할 방법을 생각해 볼 만하다.

바람이 있는 도시

요즘처럼 공기 질이 열악하고 미세먼지로 아우성인 도시 환경에서 조경 분야에서는 어떤 일을 생각해 볼 수 있을까. 우선 바람의 역할을 떠올릴 수 있을 것 같다. 바람은 공기의 흐름이다. 겨울철 한랭한 시베리아의 북서 기류가 미세먼지를 한반도 밖으로 밀어내고 차고 깨끗한 공기를 가져다주는 메신저임은 이미 잘 알려져 있다. 반면 따뜻한 남서 기류와 편서풍은 중국의 지독한 미세먼지를 우리나라에 몰아다 준다는 사실도 잘 알고 있다.

우리나라 미세먼지의 발생이 계절적 현상으로 나타나는 것은 바람 때문이다. 이는 인위적으로 조절 불가능한 자연적인 문제다. 하지만 도심에서 미세한 바람의 흐름을 조정하는 것은 가능한 일이다. 그 해법은 도심의 미세 환경을 바꾸어주는 것이다. 도심을 흐르는 개천과 하천 그리고 강은 공기의 흐름을 주도하는 요인이자 곧 도시의 바람길이기 때문에 많이 만들어주자는 것이다. 도시 내부를 통과하는 숲길 또한 바람길이다. 따라서 계절적 요인을 고려해 도시의 바람길을 어떻게 조성할 것인지가 중요하다. 가능한 한 바람길을 많이 만들고 막혔던 바람길은 터주는 것이 중요하다. 바람길 앞에 나무를 심어 흐름을 차단하거나 숲을 만들어 분지가 형성되게 하는 일은 피해야 할 것이다. 자칫 오염된 공기를 침체시키거나 미세먼지 포켓을 만들어주게 되는 오류를 범할 수 있기 때문이다. 미래의 조경은 수목의 식재 수량과 종류, 디자인에만 집중할 것이 아니라 미기상 데이터를 활용한 바람길 조성에 깊은 관심을 가져야 할 것이다.

바람에 관한 한 가정의 뜰도 마찬가지이다. 바람이 잘 통하는 정원에서는 식물도 건강하게 잘 자란다. 통풍이 잘된다는 것은 곧 주거 환경이 양호하다는 것을 의미한다.

소리로 만드는 정원

봄비 내리는 날 초가지붕 처마 끝 토방 언저리에서 똑-똑- 하고

떨어지는 소리는 무엇일까? 분명히 낙숫물 소리다. 여유롭고 한적한 옛 시골 풍경이다

산중에서 정오에 둥-둥- 두두둑 둥-둥- 하고 나는 북소리는 무엇일까? 산사에서 정오를 알리는 법고 소리다. 적막한 산중의 한 풍경이다.

칠월칠석이 지나고 입추 무렵에 귀뚤-귀뚤- 하고 들리는 울음소리는 무엇일까? 귀뚜라미의 가을맞이 소리일 것이다.

달 밝은 가을밤에 끼룩-끼룩- 하늘에서 들리는 소리는 무엇일까? 가을이 깊어감을 알리는 기러기 소리가 틀림없다.

모두가 농촌과 산촌 풍경을 연상케 하는 소리다. 계절에 따른 각종 새 소리, 물 소리, 풍경 소리, 바람 소리 등 여러 가지 소리를 조경 소재로 도입하면 근사한 경관을 만들 수 있을 것 같다. 향기가 좋은 방향성 식물들만 모아서 만든 향기 정원은 가끔 본 적이 있지만, 소리를 정원에 도입해 만든 소리 정원은 아직 경험한 바 없다. 자연이 그리운 도시인들에게 정서적으로 필요한 소재 아닌가. 소리와 관련하여 음악을 상징하는 오선지나 높은음자리표 모양 등을 본뜬 정원 디자인에 수양버들처럼 바람결에 흔들림이 있거나 소리가 있는 소재를 배치해 음악 정원을 만들어도 좋을 것 같다. 고전 음악이나 현대 음악에서 빗소리 한 가지만을 형상화한 명곡이 얼마나 많은가. 조경에서도 바람의 세기에 따라서 달리 소리를 내는 풍경風磬, 크기와 형태가 다른 방울, 윈드 차임wind chime, 윈드 실로폰wind xylophone 등 각종 기구를 재료로 이용해 조성하는 소리 정원도 생각해 볼 일이다.

도시에 생명을 심자

이은수

"빗물에 빨대를 꽂아라. 하늘물 먹고 마시고 샤워까지."

하늘물은 "밤하늘에 떠 있는 은하수를 북두칠성 국자에 떠서 지상으로 보내는 물이다."

높은 곳에 올라 서울을 보면 시멘트로 덮인 건물과 도로로 생명이 살 수 없는 사막을 보는 것 같다. 건물의 마지막 공간인 콘크리트 옥상이 덩그러니 하늘만 바라보고 있는 게 안타까워 이곳을 푸르게 만들기 위해 비용도 적게 들고 쉽게 할 수 있는 방법을 고민하다 옥상에서 도시농업을 시작했다. 더 나아가 옥상정원과 물 순환을 위한 하늘 물 관리까지 내가 할 수 있는 일들을 하나씩 만들어 가고 있다.

옥상에 텃밭(정원)을 만들고 나무와 식물을 심었는데 잘 자라지 않아 산속에 있는 부엽토를 넣고 집에서 나오는 음식물 쓰레기를 부숙시켜 흙 속에 넣으니 지렁이가 살 수 있는 환경이 되고 식물들이 잘 자라는 걸 보았다. 이와 같이 음식물 쓰레기로 퇴비를 만들면서 버려지는 자원을 활용한다는 자부심이 생겼으며, 뜻을 같이하는 주위 분과 함께 공동체를 만들어 가치를 나누고 실천할 수 있는 활동가를 양성하는 일에도 힘쓰고 있다.

우리나라 연간 강수량은 1,300㎜ 정도로 초등학생 키만큼 내리는데 계절적 편차가 커 활용에 한계가 있다 보니, 모든 물관리는 홍수와 재난을 고려해 빗물을 빨리 바다로 배출시키는 신속 배제를 원칙으로 하고 있다. 내린 비의 52% 이상이 바로 하천을 통해 바다로 빠져나간다.

서울시 불투수율은 1960년에 7.8%로 낮았지만, 2012년에는 47.7%로 약 40% 증가했고 신시가지는 80%를 넘어 지표면 대부분이 콘크리트로 덮여 있는 상태. 불투수율 증가는 증발산량 감소, 지하수위 저하, 그리고 특히 건기에는 하천 유량 감소로 이어지며, 하천에 물이 흐르지 않아 수변 공간이 사라지고 도시가 건조되면서 열 환경이 더욱 열악해져 도시 기온이 높아지게 된다.

최근 유휴 공간에 텃밭이나 정원을 꾸미고 식물을 키우고자 하는 도시농부들이 늘고 있어서 빗물의 소중함을 알리고 실천하는 캠페인과 교육도 하고 있다. 시민들은 빗물 활용에 공감은 하면서도 어떻게 빗물을 받아 어디에 쓸지 몰라 빗물 활용에 한계를 느끼는 경우가 많다. 텃밭이나 정원 만들 때 논이나 습지를 만들어 자연스럽게 빗물을 모으고 활용할 수 있도록 하니, 빗물의 소중함도 느끼고 잘 받아쓰려는 인식도 높아짐을 알 수 있었다.

국립산림과학원이 전국 739개 숲의 투수 기능을 평가한 결과 우리나라 숲 토양의 투수 기능은 시간당 평균 약 417mm로 서울시 전체 도시 토양 평균인 16.43mm/h보다 25배 이상 높다. 도심 부근 숲에서 빗물 웅덩이를 만들고 쓰러진 나무를 모아 물이 천천히 흘러 숲 토양에 스며들 수 있는 환경을 만들면, 적은 비용으로 지하수 공급에 큰 효과를 얻을 수 있다. 또한 도시화와 개발로 숲과 자연이 훼손되면서 물 순환과 이산화탄소 흡수 기능이 저하되어 기후변화 등 환경을 악화시키는 요인이 발생하므로, 도시 숲을 늘리고 빗물이 땅으로 잘 스며들게 해서 지하수위를 회복시켜야 하며 동시에 보이는 물뿐만 아니라 보이지 않는 물에 대한 인식을 높여야 한다.

빗물은 산성이고 지저분하고 더럽다는 인식으로 시민들에게 외면 받고 있고, 수돗물 보급률이 높아 불편함도 없기에 빗물을 받아야 할 필요도 덜 느낀다. 언론에 보도되는 빗물은 홍수, 폭우, 가뭄, 태풍 등 재난과 관련된 부정적 기사가 대부분이다. 한무영 교수(서울대 빗물연구센터장), 강우현 대표(제주 탐나라공화국)와 함께 빗물의 부정적 인식 개선을 위해 빗물을 '하늘물'로 개명하고 하늘물은 깨끗하고 좋은 물이라는 이미지를 갖도록 홍보하고 있으며, 이를 문화 운동으로 승화시키고자 노력하고 있다.

황순원의 '소나기' 같이 감성적 접근을 통해 빗물을 친근하고 멋있는 소재인 하늘물로 인식시켜 새로운 문화 패러다임을 만들어 가고 있는데, 그 대표적인 곳이 제주 탐나라공화국이다. 비가 많이 내리는 제주도에서 물이 없는 황무지를 개간해 80개 넘는 빗물 그릇(연못)을 만들고 물에 대한 다양한 글과 조형물을 만들어 천상수인 하늘물(빗물)이 얼마나 귀한 것인지 보여주는 대표적인 하늘물 성지라 할 수 있다.

서울 노원구에 있는 천수텃밭농원은 노원도시농업네트워크가 활동가들과 함께 하늘물 문화 운동의 거점으로 발전시키고 있는 곳이다. 불암산 자락에 위치한 숲과 과수원 텃밭에서 빗물 저장 및 이용 관련 현장 실험과 교육을 통해 지구 사랑을 실천하는 터전이다.

하늘물의 저장 이용과 도시숲 확대를 통한 지하수 흐름 회복은 도시를 원래의 자연으로 되돌리는 노력이며, 더 나아가 지구적 재난인 기후변화에 대처하는 일이다. 이러한 활동에 자발적으로 참여하고 실천하는 시민 활동가를 양성하는 일은 지속가능한 지구를 만들기 위한 최소한의 노력이라 할 수 있다.

정확하고 통일된 나무 이름을 사용해야 한다

강철기

나무 없는 세상을 상상할 수 없듯, 우리의 생활 공간에서 나무와 숲은 대단히 중요하다. 잿빛 콘크리트 문명에 찌든 요즘 도시들은 한결같이 숲 속의 도시, 도시 속의 숲을 지향하고 있다. 그래서 우리는 삶에 아주 큰 영향을 미치는 생활 공간 주변의 나무와 친해지지 않으면 안 된다. 누구나 이름을 모르면 친구가 될 수 없다. 우리 주변의 나무와 친하기 위해서는 무엇보다 먼저 나무의 이름을 알아야 한다.

나무 이름을 부르는 방식에는 여러 가지가 있다. 국제식물명명규약에 따른 학명scientific name, 국가가 표준으로 정한 나무 이름인 국명national name, 영명·일본명·중국명처럼 국가별로 자신의 언어나 문자로 표기하는 외국명foreign name, 일부 사람이나 특정 지방에서 부르는 별명nickname이나 향명vernacular name, 일반적으로 통용되는 일반명common name이 그것이다. 일반명은 보통명이라고도 한다.

예를 들어 아직도 많은 사람은 '배롱나무'를 '백일홍나무'나 '목백일홍'으로 부르고 있다. 여기서 배롱나무는 우리나라가 표준으로 정한 국명에 해당하고, 백일홍나무와 목백일홍은 많은 사람에게 널리 통용되는 일반명에 해당한다. 전 세계적으로 통하는 학명은 *Lagerstroemia indica Linnaeus*다. 영명英名은 Crape Myrtle, 일본명은 サルスベリ, 중국명은 紫薇花다. 일부 사람이나 특정 지방에서 흔히 부르는 '간지럼나무'는 별명이나 향명에 해당한다.

국명, 외국명, 별명, 향명, 그리고 일반명으로는 전 세계의 모든 나무를 일대일로 대응해 지칭할 수 없다. 국명, 외국명, 향명은 동일한 언어를 사용하는 사람들만 사용할 수 있고, 세계 공통으로 사용할 수는 없다. 일반명과 별명도 마찬가지다.

그래서 전 세계적으로 통하는 나무들의 통일된 이름이 필요하게 되었다. 1867년 파리에서 개최된 제1회 국제식물학회에서 세계 공통의 이름을 만들기 위해 '국제식물명명규약International Code of Biological Nomenclature'을 만들었다. 이 국제식물명명규약에서 정한 방식에 따라 만들어진 '학명'이 전 세계적으로 통하는 통일된 나무 이름이다. 나무는 각 국가에 따라 여러 이름을 갖지만 통일된 학명이 있으므로 세계 공통으로 사용할 수 있다. 국제화 시대에 학명이 중요한 이유가 여기에 있다.

'학명'은 스웨덴의 식물학자 린네Carl von Linné(1707~1778)가 만든 '이명법binominal nomenclature'에 기초해 속명屬名과 종소명種小名 단 두 가지로 모든 나무를 표기할 수 있다. 하나의 학명은 오직 하나의 종을 가리키기 때문에, 전 세계 모든 생물 종의 표준으로 사용할 수 있는 아주 유용한 이름이다.

한 나라에서 같은 나무를 여러 이름으로 다양하게 부르면, 혼란스럽기는 하지만 여러 이름이 갖는 뜻이나 함축된 의미를 알게 되는 장점이 있다. 언어에 있어 사투리의 역할과 같은 맥락이다. 그러나 정감 있고 맛깔스러운 사투리도 있어야 하지만, 국어 사용에 있어 혼란을 방지하기 위해 공용어는 마땅히 표준어가 되어야 한다. 그리고 모든 경우 표준어를 우선해서 사용하는 것이 원칙이다.

이런 관점에서 국가가 공식적 절차에 따라 나무 이름을 표준으로 정한 '국가표준식물명', 즉 '국명國名'은 매우 중요한 의미를 지닌다. 일반명과 향명, 별명이 중요하지 않다는 것이 아니고, 국명 사용을 원칙으로 모든 경우에 국명을 우선 사용해야 한다는 것이다.

우리가 다루는 조경수는 현재 국명, 일반명, 별명, 향명이 혼용된 채로 불리고 있어 혼란스러운 경우가 대단히 많다. 같은 나무를 사람에 따라 다른 이름으로 부르기도 하고, 나무 이름을 잘못 알고 있는 경우도 많다. 백목련*Magnolia denudata*을 목련 *Magnolia kobus*으로 알고 있어 백목련을 목련으로 부르고, 정작 목련은 산목련(별명)으로 부르는 경우가 대부분이다. 메타세쿼이아, 메타세콰이아, 메타세코이어 등과 같이 여러 이름으로 다르게 불러도 이 정도는 사소한 일에 불과한 것일까. 나무 이름은 정확하고 통일된 국명으로 부르는 것이 무엇보다 시급하다는 생각이다. 그런데 이런 기본에 해당하는 것에 관심을 가진 조경인이 과연 몇이나 될까.

식물, 얼마나 아십니까

이근향

오늘날 도시에 사는 많은 사람에게 식물은 그 의미와 가치를 완전히 잃었다. 수렵과 채집을 하던 조상들에게 식물을 구별하는 것은 기본 지식이었겠지만, 세대에서 세대로 전수된 이런 정보의 연결고리는 깨진 지 오래다. 사실 식물의 끝없는 다양성[1]과 아름다움, 유용함을 고려할 때 식물을 안다고 하는 것 자체가 주제넘은 이야기일 수 있다. 그래서 우리는 스스로 '식물맹plant blindness'[2]이라고 부끄럽지 않게 이야기한다.

식물을 안다는 것, 지금 왜 중요한가

식물맹이라는 용어를 제안한 미국의 식물학자 슈슬러와 완더시는 "대부분 식물이 생명에 위협적이지도 않고 움직이지 않기 때문에 인간이 시각 정보를 처리하는 과정에서 배제된다"고 설명한다. 즉 사람과의 공통점이 많지 않아 상대적으로 관심을 덜 받는다는 것이다. 무엇보다 식물에 관련된 경험이 적은 게 식물

맹으로 이어진다는 설명이 가장 설득력을 얻고 있다. 그렇다면 현대를 살아가는데 식물맹이 과연 문제가 될까.

전문가들은 21세기의 가장 큰 난제인 지구 온난화, 식량 안전, 팬데믹 등 모든 문제 해결의 실마리가 식물과 관련이 있으며, 식물의 구조, 기능, 다양성에 관한 기본 지식 없이 이 지구적 문제에 대응할 수 없다고 말한다. 지구 환경이 무너질수록 식물의 의미와 가치가 점점 중요하게 다가오는 것은 부정할 수 없다.

그러나 지구 생태계와 인류 생존의 거대한 이슈를 떠나서 식물맹에서 벗어나야 하는 이유는 또 있다. 식물을 알게 되면서 찾아오는 일상의 행복과 영감, 그리고 삶의 지혜라는 혜택 때문이다. 식물에 관심을 가지게 되면 처음에는 식물의 겉모습 감상에 만족하지만 점점 식물의 역사와 인류 문화적 관점의 가치에도 관심을 가지게 된다. 여러 문화와 시대에 걸쳐 식물을 재배하거나 정원에 식물을 도입하는 과정에서 인간 사회가 식물 환경과 맺어온 실질적, 인지적, 상징적 관계에 대한 이해는 자연스레 우리를 '식물과 공존하는 지혜'의 길로 안내한다.

식물 그리고 철학

식물을 안다는 것이 단지 이름과 식별에 관한 것이라면 그리 걱정할 게 없다. 길가에서 마주친 식물 이름은 스마트폰 앱을 통해 쉽게 알 수 있고 궁금한 내용과 정보는 검색을 통해 무한한 지식으로 장전할 수 있는 요즈음이다. 그러나 축적된 정보의 총량이 증가했을 뿐이지 식물에 대한 이해와 기본 철학을 가지게 되는 것은 아니다. 식물 이름을 안다는 것에 언감생심 철학을 갖다 붙이다니 대단히 지나친 확대라고 생각하겠지만, 식물과 철학과의 관계는 우리 예상보다 꽤 오래되고 깊다.

기원전 300년, 아리스토텔레스의 제자 테오프라스투스 Theophrastus(BC 371~287)는 식물의 이름을 짓는 일에 진지하게 임한 최초의 철학자였다. 당시 그리스 사람들이 마법과 의약품 재료 등 현실적 측면에서 관심을 가졌던 것에 반해, 테오프라스투스는 우리 주변에 어떤 식물이 있을까, 식물 사이에 어떤 연관성이 있을까 하는 의문을 가지고 식물 자체를 탐구하여 『식물 연구』 총 6권, 『식물의 역사』 총 9권을 남겼다. 특히 그가 식물을 나무, 관목, 아관목, 초화류 네 가지로 분류했다는 점에 주목할 만하다. 그동안 사용해 온 분류 체계의 시작이 철학자의 고안이었고 식물계의 질서를 구축하기 위한 여정이 철학에서 시작되었다는 것이 흥미롭다.

우리가 익히 알고 있는 린네 역시 식물학을 법칙과 규칙에 기초한 학문으로 보았으며, 라틴어 학명의 이명법 규칙을 창안하기 2년 전인 1751년 『식물 철학』을 펴냈다. 식물학에도 조예가 깊었던 철학자이자 교육자인 장 자크 루소는 그의 저서 『고백론』에서 "린네는 박물학자로서 그리고 철학자로서 식물학을 연구한 유일한 사람이다"라고 언급했다. 루소가 린네에게 전하는 편지를 보면 지식을 전달하고 나누고 발전시키는 방식이 250년이 지난 오늘날에도 공감이 가고 신선하게 다가온다.

"저는 자연과 귀하를 벗 삼아 홀로 전원을 산책하며 감미로운 시간을 보냅니다. 그리고 그 어떤 교훈적인 책보다도 귀하의 『식물 철학』에서 실질적인 도움을 얻습니다. 사람들에게 자연의

167

책을 계속 보여주고 해석해 주십시오. 식물의 세계가 담긴 책장을 넘기며 귀하를 따라 이런저런 단어를 풀어내는 일이 저는 참으로 즐겁습니다. 온 마음을 다해 읽고 연구하고 명상하고 존경하고 아끼고 있습니다"(루소, 「고독한 산책자의 명상」, 1771년 9월 21일). 이렇듯 철학과 식물학의 만남은 다양한 곳에서 다양한 형태로 되풀이되었다.

한편 식물에 이름을 부여하고 식별하려는 노력은 식물 삽화를 통해 더욱 발전했다. 오늘날 우리가 '식물 세밀화'로 부르는 식물 묘사의 전통은 그리스의 식물학자이자 의사인 디오스코리데스Pedanius Dioscorides(40~90?)에서 시작되었다고 해도 과언이 아닐 것 같다. 그는 『약물지De Materia Medica』에서 식물의 이름과 유래, 서식 환경, 의학적 특성에 대해 명확히 서술하면서 후세에 식물 식별이 가능하도록 식물 삽화를 포함했다.

유럽 전체에서 널리 읽힌 최초의 식물 의학서는 1530년 독일인 오토 브룬펠스가 쓴 『식물의 생태도』로, 성공을 거둔 이유는 테오프라스투스와 디오스코리데스의 기록을 바탕으로 화가인 한스 바이디츠가 기존의 그림을 복제하지 않고 살아있는 식물을 직접 보고 그린 그림 때문이었다. 당시 유럽 전역에 널리 퍼진 할미꽃, 애기똥풀, 마편초 등을 직접 보고 그려 판화에 새긴 그림은 너무 정확하고 생생하며 예술성에서도 뛰어난 작품이다. 이 식물 세밀화가 식물 연구의 체계적 방식을 발전시키는 데 중요한 역할을 한 것은 말할 것도 없다.

이렇게 식물 이름을 정하고 분류 체계에 도달하기 위한 식물학 발전의 기나긴 여정을 이해하는 것은 길가에서 우연히 마주하는 들풀 하나도 그냥 지나치지 않는, 식물 관찰자의 진지함을 갖게 만든다.

이제, 식물의 활력에 귀 기울일 시간

식물이 대세다. 정원 가꾸기뿐 아니라 식물을 소재로 하거나 가까이 두는 것만으로도 세인의 관심을 끈다. 식물이 가진 매력에 빠진 사람들이 발산하는 창의적 에너지와 식물 문화의 향유 방식은 새롭고 놀랍다. 하지만 식물에 대한 관심이 시대를 정의하는 하나의 특징으로 자리 잡았음에도 불구하고 우리는 식물의 긴 역사와 인간과의 관계 맺음에 대해 별로 아는 바가 없다.

2천 년 전 테오프라스투스가 살아있는 식물을 직접 관찰하고 식별하는 훈련을 하고 식물 간의 유사성과 차이를 논의하기 시작하면서 세상의 이목을 받게 된 식물. 이제 우리의 생존을 위해서도, 삶의 윤활유로서도 반드시 습득해야 할 필수 지식이다. 바야흐로 식물의 활력에 귀 기울이고 존중할 시점이다.

---

1. 2007 ICUN 레드 리스트(Red List)에 따르면 지금까지 보고된 생물종 수는 1,589,361종이며 이중 식물은 297,326종으로 알려져 있다.
2. '식물맹(plant blindness)'이란 용어는 식물이 인간에게 미치는 영향이나 전체 생태계에서 차지하는 중요성을 인지하지 못하거나, 식물을 인간이나 동물보다 과소평가하거나 무시하는 경향을 뜻한다. 1998년 미국의 식물학자 제임스 완더시(James Wandersee)와 엘리자베스 슈슬러(Elizabeth Schussler)가 제안했다.

참고문헌

애너 파보르드, 구계원 역, 『2천년 식물 탐구의 역사』, 글항아리, 2011.
장 마르크 드루앵, 김성희 역, 『철학자들의 식물도감』, 알마, 2016.
"과학하는 여자들의 글로벌 이야기 10: 한겨울 빛나무를 본 적 있나요?", 이로운넷 (eroun.net)

06 ————

미래의
도시공원

미래 도시와 공원의 지향점

최혜영

우리는 급변하는 환경 속에서 살고 있다. 세계적으로는 기후변화로 인해 가뭄, 홍수, 폭염, 지진 등이 빈번하게 발생하고 있다. 전 지구인은 기후변화가 초래한 위기를 극복하기 위해 탄소중립의 실현이라는 큰 과제를 안게 되었다. 이런 가운데 코로나19가 발생했다. 3년 이상 지속된 팬데믹은 삶을 대하는 우리의 태도를 바꿔놓았다. 사람들은 함께하기보다는 거리두기에 익숙해졌다.

대한민국에서는 더 심각한 사회적 현상이 대두되었다. 혼인 건수 감소, 합계 출산율 감소, 고령 인구 증가로 이어지는 연쇄적 인구 문제에 직면한 것이다. 2020년 처음으로 출생 인구보다 사망 인구가 많은 데드크로스가 발생했으며 대한민국은 본격적으로 인구 감소국에 들어섰다. 이는 소멸 도시 증가, 학령 인구 감소 등으로 이어지며 우리 사회의 근본을 흔드는 문제가 되었다.

인구가 줄어드니 경쟁 또한 감소해 삶이 나아질 것 같지만 실상은 다르다. 발전된 기술은 사람이 해오던 일을 빠른 속도로 기계로 대체하고 있다. 사람들은 점점 더 설 자리를 잃고 있다. 그러나 동시에 우리는 기계에 의해 제어되는 스마트한 도시를 꿈꾼다. '스마트'는 이제 모든 곳에 침투하고 있다. 스마트 도시를 넘어 공원에서도 스마트 논의가 일어나고 있다. 리질리언시 resiliency, 증강·가상현실AR·VR, 모빌리티 등 이전에는 잘 들어보지 못한 용어들도 자연스럽게 우리 사회에 스며들었다.

최근 필자가 연구진으로 참여한 어느 과제에서 도시와 공원을 이용하는 사람들의 생각과 행태의 변화를 조사한 적이 있다. 앞서 언급한 전 지구적 환경 변화, 급변해온 대한민국 사회를 고려했을 때, 도시와 공원에서 선호하는 활동, 도시와 공원에 담겨야 할 가치, 도시와 공원의 미래 방향 등에 대해 사람들은 분명 이전과는 다른 어떤 것을 지향할 것이라 가정했다. 특히 현대 사회의 개인은 세대를 막론하고 확고한 개성과 취향을 가지고 살아가고 있지 않은가.

연구는 전국의 20대 이상 2,000명의 남녀를 상대로 진행되었으며, 설문은 주관식과 이미지 문항으로 설계되었다. 연구의 질문은 도시와 공원으로 나누어 기술되었다. 도시에 거주하면서, 공원을 이용하면서 불편했던 경우와 행복감을 느꼈던 환경, 미래 도시와 공원의 주요 키워드, 거주와 이용을 희망하는 도시와 공원의 유형에 관해 물었다.

결과는 매우 흥미로웠다. 급변하는 사회에 대응해 새로운 가치를 선호하고 지향할 것이라 생각했던 연구의 가설과는 다르게, 사람들은 삶의 여유를 느낄 수 있는 아날로그적 환경에서 행복감을 느꼈다. 삶의 여유는 공원, 강변, 숲 등 도시의 녹지 공간에서 산책하고 휴식을 취할 때 가장 크게 느낀다고 답했다. 미래의 도시가 나아가야 할 방향 또한 녹지 공간이 많은 '환경 친화 도시'가 가장 높은 비율을 차지했다. 향후 거주를 희망하는 도시의 유형으로도 '일상 속 휴식을 가능케 하는 공원이 많은 도시'를 1순위로 꼽은 응답자가 전체의 25%가 넘었다. 그다음 응답률이 높은 '친환경적 대중교통 수단이 활성화된 도시', '저영향 개발을 통해 도시의 유지관리에 드는 에너지를 저감할 수 있는 도시'까지 합치면 약 40%가 넘는 사람들이 친환경적, 자연 친화적 도시를 바람직한 미래 도시로 보았다.

공원에 대한 설문에서는 더욱 깊이 있게 사람들의 생각을 읽을 수 있었다. 사람들은 녹음이 우거지고 맑고 깨끗한 공기가 충만한 공원, 시끄러운 도시에서 벗어나 푸르른 자연을 느낄 수 있는 공원에서 삶의 행복을 느낀다고 답했다. 이들이 원하는 공원은 화려하고 멋진 공원이 아니었다. 그저 바쁜 일상에서 벗어나 잠시 앉아 쉴 수 있는 벤치와 의자면 족했다. 번잡한 일터에서 받은 스트레스를 날려버릴 수 있도록 자연 속에서 조용하고 편안하게 휴식을 취할 수 있으면 충분했다. 이들이 지향하는 미래의 공원은 자연 친화적 공원이었으며(약 37%), 이는 스마트 공원이라고 응답한 수의 두 배가 넘었다. 향후 이용을 희망하는 공원 또한 '조용하게 휴식을 취할 수 있는 공원', '자연 그대로의 모습을 볼 수 있는 공원'이 압도적으로 높았다. 설문조사 한 건의 결과만으로 정답이라고 외칠 수는 없겠지만 사람들이 도시와 공원에 대해 기대하는 본질적 가치는 시대가 바뀌어도 변함없이 유지된다는 것을 짐작할 수 있었다.

  작금의 사회는 다양한 가치를 요구하고 있으며 이로 인한 사회의 다원화는 지속될 것이다. 더욱더 '스마트'하게 도시와 공원을 조성, 관리, 운영하는 것도 필요하고 탄소중립을 실현하는 방법을 연구하고 기술을 개발하는 것도 중요하다. 도시와 녹지 공간을 기후변화에 대응하는 매개체로 삼는 리질리언시 설계 기법은 시대적 요청이기도 하다. 그러나 이러한 새로운 가치에 부응한다는 미명 하에 본질적 가치를 간과해서는 안 될 것이다. 실제 공간을 느끼고 경험하는 것은 바로 사람이며, 따라서 사람들의 눈높이에서 이들이 체감할 수 있는 공간을 만드는 것이 중요하다는 그 본질적 사실을 말이다. 결국 조경가로서 할 일은 지금도, 미래에도 ─다소 낭만적이고 과거 지향적으로 들리더라도─ 힘든 일상에서 벗어나 잠시나마 여유롭게 심신의 정화를 할 수 있는 공원(도시)을 만드는 것이 아닐까. 기본을 생각하며 중심을 잡을 때 조경 분야의 미래 또한 밝을 것이다.

도시공원 조성 시대의 폐막과
이용 시대의 서막

안승홍

우리 사회는 폭발적 인구 성장 시대를 지나 저출산 고령화 사회
로 접어들었다. 1960년 2,500만 명이던 인구는 2012년 5,000
만 명으로 증가해 불과 50년 만에 2배로 성장했지만, 2031년
5,300만 명을 정점으로 감소세로 접어들 것으로 예측된다. 인
구 성장에 맞춰 주거 문제 해결을 위한 택지개발촉진법이 1980
년 제정되었다. 이 법은 도시 지역의 시급한 주택난 해소를 위해
주택 건설에 필요한 택지의 취득·개발·공급 및 관리 등에 관한
특례를 규정했다. 1989년 성남시 분당, 고양시 일산 등 5개의 1
기 신도시 건설 계획이 수립되었고, 1992년 117만 명이 거주하
는 대단위 주거 타운이 탄생했다. 2003년에는 경기 김포(한강),
화성 동탄1·2 등 수도권 10개 지역을 포함한 12개 2기 신도시
계획이 발표되었다. 하지만 주택 부족 문제가 크게 개선되어 법
실익이 떨어진다는 취지로 2014년 국회에서 택지개발촉진법 폐
지 법률안이 발의되었다. 공공 택지의 안정적 공급과 저출산으

로 인한 인구 감소는 향후 택지 개발의 감소로 이어질 것이다. 이는 도시계획시설로서 공급되는 도시공원의 양적 성장에 이바지해온 신도시 시대의 폐막을 의미한다. 현재 전국에 21,500개의 도시공원이 조성되어 있다.

도시공원 문제와 시민참여

열악한 도시 환경이라는 조건 속에서는 공원의 양적 확대가 가장 큰 과제 중 하나였다. 도시 인구의 급속한 증가와 더불어 도시공원의 기능은 계획 목적과 다양한 활동 요구에 따라 세분되었다. 그러나 도시공원은 대부분 시설 중심으로 설계가 이루어졌고 조성 이후 운영과 관리에 대한 고려에는 큰 비중이 없었다. 최일홍은 "공원녹지 특성화를 위한 이용 프로그램 개발 및 계획 지침 작성 연구"(2002년)에서 기존 공원의 문제점으로 설계자 위주의 계획, 법규적 디자인, 공원의 위계적 규모 및 균등적 배치 기준의 문제, 과정적 가치의 부재로 인한 주민참여 미흡을 들었다. 공원은 미술관의 전시품이 아니라 지역 주민이 실제 이용하는 하나의 공공재로서 변화된 사회적 요구와 계층별 이용자의 필요를 충족시키는 요소로 구성되어야 한다고 강조했다.

1995년 지방자치 시대가 개막되며 도시 행정에서 시민참여의 목소리가 높아져 갔고, 일부 도시공원은 시민참여의 훌륭한 수용체 역할을 했다. 김인호는 '한일 도시공원 정책 세미나'(2011년)에서 시민사회로의 성숙과 함께 참여민주주의로 발돋움하고 있는 우리나라 상황에서 도시공원 정책은 환경 개선을 의미하는 단선적인 인식에서 벗어나 제반 사회 문제와 연계되어 검토

되어야 한다고 강조했다. 또한 이미 선진국에서 성공 사례로 소개되고 있는 성숙한 주민 의식을 바탕으로 한 시민참여형 공원 관리가 선진 행정으로 발돋움하는 중요한 요체라고 했다.

시민참여와 도시공원의 변화 양상

도시공원은 도시민의 삶의 질 향상에 기여하는 필수 시설로서 다양한 역할을 담당한다. 또한 3만 달러 소득, 주 52시간 근무, 평생교육 등 사회 변화에 적응하며 지역 공동체의 중심으로 녹색 복지와 일자리 창출에 기여한다. 이와 같은 역할 다양화와 더불어 도시공원의 패러다임은 다채로운 변화 양상을 보인다.

첫째, 도시공원의 설계, 조성, 이용에 시민참여를 적극 수용하고 있다. 도시공원 조성 단계별로 시민참여 프로그램을 개발하는 사례가 증가하고 있다. 둘째, 참여 프로그램 중심의 공원 이용과 리모델링이 늘어나고 있다. 2013년 '도시공원 및 녹지 등에 관한 법률'에 도시농업공원이 포함되고, 숲유치원, 자연체험학습장 등 시민 활동과 참여 이용 프로그램이 증가하는 추세다. 셋째, 공공 주도의 공원 운영에서 기업 또는 시민단체와의 협업과 타 공공기관의 적극적 운영 참여가 이루어지고 있다. 도시공원 이용과 운영의 효율성 증대를 위해 시민참여와 파트너십이 나타나고 있고, 도시공원의 접근성과 지역 자원에 부응하는 다양한 형태의 공원 운영이 시도되고 있다.

다양한 시민 이용 프로그램 제공

도시공원은 도심에서 자연을 기반으로 시민 모두에게 안전하고 쾌적한 환경을 제공한다. 특히 시민들의 도시공원 이용 활성화를 위해서는 방문 동기를 높일 이용자 참여 프로그램의 제공이 필요한데, 다음의 네 가지 프로그램 유형을 제시할 수 있다.

첫째, 환경·생태 프로그램이다. 근린공원에서 많이 시행 중인 환경 체험·교육 프로그램은 시민들이 주변에서 쉽게 접할 수 있는 자연환경의 의미와 가치를 경험하고 환경에 대한 긍정적 태도를 학습하게 한다. 둘째, 문화·예술 프로그램이다. 도시공원의 문화·예술 프로그램과 시설은 지역의 문화적 활력소가 된다. 최근에는 문화 행사를 열 수 있는 주제공원을 조성해 도시 정체성을 살리고 있다. 셋째, 건강·체육 프로그램이다. 도시에서 공원녹지는 신체 활동 공간으로서 건강 프로그램을 제공하는 치유 환경의 기반이다. 넷째, 도시농업 프로그램이다. 공원형 도시농업의 유형은 공원 내 텃밭 조성과 주제공원인 도시농업공원으로 구분된다. 도시농업공원은 농업이 중심이 되어 농업·농촌과 관련한 공원 서비스를 제공한다.

관리 방식의 다각화와 사업 모델의 창출

도시공원의 관리 주체인 지자체는 전문 인력의 부족과 전문성 결여로 인해 공원 관리와 운영의 어려움을 호소해 왔다. 도시공원 관리는 주로 공원 관리청인 지방자치단체가 직접 운영·관리하는 직영 관리, 그리고 시설관리공단이나 공원관리공단 등 준정부기관을 통한 간접 관리 방식을 채택해 왔다. 하지만 향후 공원 관리는 정부의 팽창을 방지하고 시설 투자의 비용 감소, 노무 관리의 효율성을 높일 수 있도록 공원 일부 또는 전체 관리를 공기업, 민간업체, 시민단체 등에 맡기는 민간 위탁 방식으로 확대될 것이다. 특히 공기업은 특수 성격의 공원을 총괄 관리하고, 민간 업체는 단위 시설 경영 관리와 녹지 및 조경 시설 유지관리, 시민단체는 이용자, 프로그램, 시민참여 관리 등에 참여하는 기회가 증대되고 있다.

그동안 조경 분야는 인구 성장에 따른 도시 확장과 신도시 건설 시대를 지나며 공동주택 조경과 도시공원의 계획·설계 및 시공에 주력했다. 그러나 이제는 건설에서 관리 중심으로 전환되고 있는 여건 변화에 탄력적으로 대응할 필요가 있다. 조경계는 현실과 미래의 여건 변화를 직시하고 조성 시설의 운영 및 관리에 대한 관심과 역량을 배양해야 한다. 특히 도시공원의 질적 향상을 위한 기술 개발과 집중을 통해 선진 도시공원의 면모를 갖추고 조경산업의 발전을 도모해야 한다. 대학은 시민사회와 교류하며 교과목 개발을 통한 선도적 역할을 해야 하며, 업계는 기존 도시공원에 대한 기술력을 바탕으로 운영·관리 경쟁력을 확보하는 새로운 사업 모델을 만들 필요가 있다.

인구 성장 저하와 성장 동력 부재로 새로운 가치 창출을 통한 경제 활성화와 일자리 창출이라는 사회적 요구가 커지고 있다. 부동산 경기 침체, SOC 투자 감소 등 건설 산업의 저조로 인해 해외 진출이나 대북 사업에 대한 기대를 하게 되었지만 현실은 요원한 상황이다. 따라서 대내외적 상황을 고려한 외연 확장의 기초를 다지면서, 다른 한편으로는 기존 도시공원을 기반으로 이용 프로그램을 확충하는 동시에 시설 리모델링을 병행하는 사업 모델 창출이 필요하다.

학교숲에서 '숲속 학교'를 꿈꾼다

김인호

최근 미세먼지와 폭염 등의 기상 피해는 어린이들이 학교와 학교 밖에서 맘 놓고 숨 쉬지도 뛰어놀지도 못 하게 하고 있다. 미세먼지와 폭염에 취약한 학생들을 위해 더욱 풍성한 학교숲이 필요하다. 학교숲은 학교의 자연으로 공기 청정기 역할을 한다. 학교숲은 국민의 30% 이상을 차지하는 학생들과 교직원들이 일상생활의 절반 이상을 보내는 생활 공간이자 학교의 뜰이다. 특히 학교숲은 학생과 교사가 쉽게 접근해 공부할 수 있는 야외 교실이다. '가르칠 수 있는 순간teachable moment'에 활용할 수 있는 환경 교육의 장이다.

이미 1999년부터 생명의숲, 산림청, 서울시, 유한킴벌리 등 다양한 주체가 학교숲을 꾸준히 조성해 환경적, 교육적, 사회적 성과를 내고 있다. 최근 20년 동안 식재한 약 170만 그루 학교숲에서 17만 톤에 달하는 미세먼지가 흡수된 것으로 조사되었다.[1] 현재 국내 학교숲 운동은 20주년을 맞이했고, 3천여 개의 학교숲이 조성되었다. 20년 동안 학교숲 운동은 나름의 성과를 거두었지만 절반의 성공이라고 할 수 있다. 조성된 학교숲은 제대로 관리되지 못했고, 강당, 체육관, 식당 등 건물 신축을 위해 흔적도 없이 사라진 학교숲도 있다. 조성 과정의 주체, 사후 관리, 교육적 활용 등 다양한 개선 과제가 남아있다.

학교숲이 운동장을 밀어내고 그 자리를 차지하기에는 아직 역부족이다. 우리는 여전히 학교 운동장이라는 신화에 갇혀 있다. 학교 운동장이 어떻게 시작되었는지 모호하지만, 일제강점기 군사 훈련을 했던 연병장에서 시작했다는 이야기도 있다. 어떠하든 우리는 운동장 없는 학교를 상상하지 못한다. 한동안 인조 잔디 운동장 광풍이 불기도 했지만 유해하다고 평가되어 사라져가고 있다. 천연잔디 운동장은 관리의 어려움으로 논의만 무성한 채 성공 사례를 기다리고 있는 상황이다. 그래서 아직 학교 운동장의 주류는 맨땅인 마사토 운동장이다.

이런 현실에서 미세먼지와 폭염 등 환경 재난으로 학교숲이 다시 주목받기 시작했다. 새롭게 학교숲 운동의 비전을 모색해야 할 상황이다. 이제 학교숲은 학교 내 공간을 중심으로 운동장 주변, 학교 자투리에 숲을 조성하는 소극적이고 협의적 개념에서 적극적이고 광의적 개념인 '숲속 학교'를 꿈꿔야 한다. 숲속 학교는 학교 운동장을 최대한 숲으로 조성하고, 건물 벽면, 옥상, 실내에 조성되는 다양한 녹화(벽면 녹화, 옥상 녹화, 실내 녹화 등)를 포괄해야 한다. 특히 학교 공간을 넘어 건강하고 안전한 통학로 확보를 위한 '통학로 숲'으로까지 확장할 필요가 있다.

2018년 『경기교육통계연보』에 따르면, 경기도 학생 1인당 학교숲 면적은 2.0㎡이고, 신설 학교의 학생 1인당 학교숲 면적은 2.59㎡이다. WHO와 FAO 등 국제기구가 권장하고 있는 1인당 9㎡에는 턱없이 부족한 상황이다. 우선 '숲속 학교'에서는 학생들에게 최소한 1인당 6㎡의 학교숲을 돌려주려는 목표가 필요하다. 그래야 학생이 실감하는 가까운 곳에 숨쉬기 편하고 쾌적한 환경을 누릴 최소한의 녹색 기반을 제공할 수 있다. 쉬운 목표는 아니지만 충분히 승산은 있다.

우선 기존 학교숲의 훼손 녹지를 복구하고 학교 운동장 절반을 학교숲으로 조성한다. 학교 경계 숲, 학교 건축물 녹화(벽면, 옥상, 실내) 등 다각적 노력을 통해 학생 1인당 3㎡의 학교숲을 추가 확보할 수 있다. 그러면 어느 정도 온도도 낮추고 미세먼지도 저감할 수 있을 것이다. 또 다른 측면에서 출산율 저하로 학교 통폐합과 함께 도시형 폐교가 발생할 것으로 예상된다. 2개 학교가 1개로 통폐합되면 남은 학교 운동장은 의미 있는 알짜배기 땅이다. 학교숲과 마을정원 융합 모델도 꿈꿀 수 있고 공동체의 거점 공간으로 만들 수도 있다. 학교 운동장 전체를 녹화할 기회가 생긴다. 이렇듯 학교숲에서 '숲속 학교'로 양적 확대가 진일보해야 한다.

이와 함께 학교숲의 질적 발전과 개선도 필요하다. 해외 학교숲 운동 성공 사례들의 특징을 살펴보면,[2] 앞으로 우리가 어떻게 학교숲 운동의 방향을 잡아야 할지 가늠된다. 시사점은 일곱 가지 특징으로 정리할 수 있다. 첫째, 학생 중심의 절차와 과정을 중요시한다. 장기적 관점에서 학교 구성원과 지역의 적극적 참여를 유도한다. 둘째, 전문성 확보와 일자리 창출에도 관심을 가진다. 다양한 조직과 전문가가 네트워크를 이루고 전문성을 반영한 다양한 프로그램을 운영하고 있다. 이는 지역의 일자리와도 연계된다. 셋째, 교육 과정과 연계해 학교숲에서 다양한 교육적 경험을 얻도록 하고 있다. 넷째, 인증 제도를 통해 학교숲에 대한 인지도를 향상시키고 있다. 다섯째, 지역 사회와 학교, 중앙정부와 지자체, 교육청, 전문가, NGO 등의 네트워크로 구성된 플랫폼을 구축하고 있다. 이를 통해 프로그램, 연구, 자문, 자금, 자료 등을 지원받는다. 여섯째, 연구와 효과 검증을 통해 사회적 신뢰성을 확보하고 있다. 지역의 대학 및 연구소와 연계해 지속적으로 검토하는 과정을 포함하는 것이다. 마지막으로, 홍보와 확산을 위해 SNS, 유튜브 등 시대에 걸맞은 노력을 하고 있다.

이러한 특징들은 우리나라 학교숲 운동에 시사하는 바가 크다. 해외의 대표적인 학교숲 운동이 20~30년간 지속적으로 운영된 데에는 다양한 주체의 노력과 다양한 프로그램이 중요한 역할을 했다. 2019년 경기도교육청은 '미세먼지 저감을 통한 안전하고 건강한 교육 환경 조성'을 정책 과제로 설정하고 세부 추진 과제로 학교숲을 조성하겠다고 선포했다.[3] 학교 구성원들이 주도적으로 학교에 나무를 심어야 한다는 목소리를 내는 일은 큰 변화가 아닐 수 없다. 학교가 학교숲 조성을 주도하고 외부에서 지원하는 조성 주체의 변화가 예상된다.

서울시는 2019년부터 '초록빛 꿈꾸는 통학로 프로젝트'를 실시한다.[4] 이 프로젝트는 도로에서 발생하는 각종 대기오염, 미세먼지 등에 의한 질병과 교통사고에 노출된 학생들이 더 안전하고 건강하게 성장할 수 있도록 녹지를 조성해 보행 환경을 개선하는 사업인데, 학교 안에 머물던 학교숲이 학교 주변으로 확대되는 '숲속 학교'의 좋은 사례다. 초록빛으로 물든 쾌적한 통학로 숲을 조성해 학생들뿐 아니라 주민들도 걷고 싶은 거리가 만들어질 것으로 기대된다.

학교숲의 가치와 효과는 하루아침에 얻어지지 않는다. 시간이 필요하다. 학교숲의 환경적 효과를 높이기 위해서는 돌봄과 가꿈이 필요하다. 학교숲은 조성도 중요하지만 지역 주민과 학생들의 적극적 관심과 배려를 통한 유지관리가 무엇보다 중요하다. 그래야 학교숲의 복리이자 혜택을 누릴 수 있다. 앞으로는 관리하지 않아 훼손되고 사라지는 학교숲은 없어야 한다. 학교숲은 다른 어떤 숲보다 교육적인 자산이다. 꿈꾸고 만들고 가꾸는 것이 교육 과정과 연계될 수 있다. 학생들의 참여가 무엇보다 필요하다. 그래서 학교숲 계획과 조성 과정은 참여형 설계 및 시공 과정과 연계되어야 한다.

우리의 미래인 어린이와 청소년이 안전하고 건강한 환경에서 교육받을 권리가 보장되어야 한다.

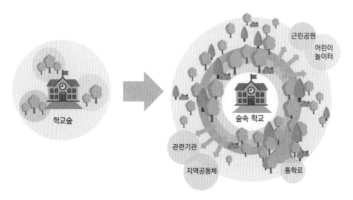

'숲속 학교' 개념도
출처: 김인호 외, "학교숲 20년의 성과와 과제", 『미세먼지, 폭염과 학교숲의 역할』, 2019.

---

1. 김인호 외, "학교숲 20년의 성과와 과제", 『미세먼지, 폭염과 학교숲의 역할』, 학교숲 20주년 심포지엄 자료집, 2019. 관목은 교목의 20%에 해당하는 미세먼지를 흡수한다고 계산한 결과다.

2. 허윤선·김인호·정수정·허대영·곽정난, "국외 학교숲 운동의 운영 사례 연구", 『환경교육』 32(3), 2019, pp.334~347.

3. 2019년 2월 26일, 이재정 경기도 교육감은 10년 동안 3,400만 그루의 나무를 심겠다고 선포했다.

4. '서울, 꽃으로 피다' 캠페인 관련하여 기업의 사회공헌활동(CSR)의 일환으로 아우디폭스바겐코리아(주) 및 (재)한국사회투자와 '초록빛 꿈꾸는 통학로 프로젝트' MOU 협약을 2019년에 체결해 통학로의 미세먼지 저감 및 환경 개선을 도모하고 있다. 서울시는 최소 유효 보도폭 1.5m를 확보할 수 있는 담장과 콘크리트 옹벽의 벽면을 녹화한다. 유효 보도폭 2.0m 이상인 곳의 가로수 아래에는 다양한 형태의 띠 녹지를 조성한다.

2050년에 본 국가도시공원

김승환

2000년에 시작한 '100만평공원운동'은 멋진 공원의 꿈과 미래를 아이들에게 남겨주기 위한 비전에서 시작되었다. 이 운동을 가시화하기 위한 전략으로 2010년에 제시한 '국가도시공원'이 가시화되고 있다. 100만평공원운동이 시작된 지 벌써 20년이 넘었고, 2050년은 50년째 되는 해다. 앞으로 약 30년 후의 국가도시공원 모습은 어떨지 그때로 가보자.

우선 2050년에 대한 몇몇 미래 예측 시나리오를 살펴본다. 데이비드 웰러스 웰즈는 2017년 재난 시나리오 리포트 '2050 거주 불능 지구The Uninhabitable Earth'를 뉴욕 매거진에 기고해 세계적인 반향을 일으켰다. 2050년 예측을 보면, 취약 빈민층 10억 명, 전 세계적으로 50억 명 이상이 물 부족 직면, 기후 난민의 숫자가 2억 명, 라틴아메리카 커피 재배 농장의 최대 90% 소멸, 개발도상국에 거주하는 사람 중 1억 5천만 명이 단백질 결핍, 폭염으로 전 세계 인구 25만 명 사망, 기후변화로 인한 온도 상승, 해수면 상승, 산불, 태풍이나 수해 등으로 자산 피해 규모가 엄청나게 늘어날 것이다.

한국개발연구원KDI은 우리나라가 구조 개혁을 안 하면 인구 감소 및 고령화 등의 영향으로 경제 성장이 제로에 달할 것이라고 경고한다. 고령화율은 2020년 15.7%에서 2050년 40.1%로 증가하고, 청년 인구 비율은 22%에서 11%로 절반으로 감소한다. 특히 심각한 것은 지방 인구가 소멸하여 행정 지역 50%가 사라질 수 있다는 점이다.

이처럼 기후 환경, 인구, 경제 등 여러 분야의 전문가들은 2050년 미래 모습을 암울하게 보고 있다. 기후변화가 심각한 상황에 이르러 이상 기상 피해와 생태계 위기에 직면해 기후 재난, 지역 갈등 심화, 1인당 GDP 정체, 소득 격차 심화도 우려된다. 그러나 부정적 시나리오는 앞으로도 아무런 대책 없이 현재의 상태를 개선하지 않는 경우에 국한될 것이다. 지금의 문명을 이루어낸 고도로 발달한 두뇌를 지닌 우리 인간이 현명한 대안을 제시하고 실천해간다면 다른 미래가 만들어지지 않을까.

2020년 국회미래연구원은 2050년 우리나라의 미래 모습에 대해 11대 개혁 과제 중의 하나로 건강하고 인간다운 초고령 사회 구축을 들고 있으며, 13대 분야에는 환경과 국토에 관한 것으로 기후 환경과 정주 여건 등을 들고 있다. 윤석열 정부는 2050년 탄소중립을 실현하기 위해 탄소중립 녹색 성장 12대 과제 중 국토의 저탄소화를 통한 탄소중립 사회로의 전환, 지방이 중심이 되는 탄소중립, 적응 주체 모두가 함께 협력하는 기후 위기 적응 기반 구축 등을 제시하고 있다.

이상의 미래에 대한 대응 방침 중에서 탄소중립 실현, 인간 중심의 가치 구현, 환경친화적 사고, 사회적 협력, 지방 중심, 정주 여건 개선 등의 키워드가 국가도시공원이 지향하는 목표와 상당 부분 근접해 있다는 점을 알 수 있다. 국가도시공원이란 국무회의의 심의를 거쳐 지정하는 90만 평 이상의 대규모 공원으로, 환경복지 문제를 해결하고 지역 균형 발전을 유도할 수 있는 대규모 생태·문화·환경 거점 공간이자 탄소중립 거점 공간이다. 국가도시공원은 국가, 지자체, 시민, 기업이 힘을 모아 만들어나가며 지역과 국가의 경제적 이익 창출과 국가적인 품격 향상, 녹색 인프라 구축을 위한 비전 대한민국을 창출해나가는 녹색 복지 향상 모델이다.

　잠시 시간을 점프해 2050년의 국가도시공원 모습을 본다. 국토부의 정책은 2020년대 후반에 이르러 회색 인프라에서 녹색 인프라로 패러다임이 전환되기 시작했다. 정부의 국가 균형 발전 비전과 전략 프로젝트 발표를 계기로, 국가 균형 발전을 위한 지역 맞춤형 프로젝트 개발의 대상으로 '낙동강하구 국가도시공원'이 정부의 국비 지원 과제로 선정되었다.

　낙동강하구 일대의 역사 생태 환경 문화를 연결하고 난개발로 훼손된 낙동강하구의 건강성 회복을 위해 시민들이 개발로부터 지켜낸 을숙도와 맥도 지역 일대 250만 평에 미래 세대를 위한 국가도시공원이 주변의 파크시티와 연계해 조성되었다. 이 공원은 생태·문화·관광 시대를 열어가고 지역 경제 활성화 및 동남권 국가 균형 발전과 그린 뉴딜을 담아내어 대한민국을 대표할 수 있는 국가적 상징 프로젝트로 평가받고 있다.

인천 소래습지 지역도 국가도시공원으로 지정되었으며 서부권의 대표적인 생태환경 거점 공간으로 정착해 국민 휴양 및 다양한 해양 문화 체험 장소로서 전 국민의 주목을 받고 있다. 정부는 전 국민 모든 사회 계층에 접근할 수 있고 공평한 기회를 제공하겠다는 원칙 하에 전국 16개 광역시·도마다 1개소의 국가도시공원 조성 목표로 정책을 추진 중이며, 2050년 현재 10개 지역에 국가도시공원이 지정되어 있다.

국가도시공원은 국가 균형 발전의 핵심 의제로 자리 잡기 시작했다. 국토부는 국가도시공원과 관련해 문제점 있는 조항들을 개정하는 등 법 체계를 정비하고 종합 대책을 마련했다. 나아가 국토부 내에 공원 및 녹색 인프라 관련 정책을 본격적으로 시행하고 지원해나가기 위한 전담 부서를 공원과로 승격하는 등 조직 개편도 단행했다.

조성된 국가도시공원에서는 2년마다 국가도시공원박람회가 개최되고 있다. 2050년에 제10회가 개최될 예정이다. 개최 도시마다 수백만 명이 몰려드는 등 지역 최대의 녹색 축제로 자리 잡고 있으며, 지역의 관광 산업 및 일자리 창출에도 크게 이바지하고 있다. 공원 및 정원 관련 분야는 국민에게 주목받는 미래 직종으로 정착하고 있으며, 인재 양성을 위한 다양한 프로그램이 진행되고 있다. 무엇보다 국가도시공원이 전 국민으로부터 주목받고 있는 이유는 지방 도시가 자연과 사람이 하나가 되는 자연환경 생태계를 구축함으로써 탄소중립 거점 도시로 정착해 국토 균형 발전에 큰 역할을 하고 있기 때문이다.

이러한 상상이 2050년에는 꼭 이루어져 있기를 기대한다.

용산공원,
꼭 지켜야 할 국민과 한 약속

조경진

어릴 적 용산 외갓집에 머문 적이 있다. 지금은 철거된 삼각지 원형 로터리 주변으로 기억한다. 동네 아이들과 동네 곳곳을 탐험하는 놀이는 늘 흥미롭고 설레는 일이었다. 아이의 시선이라 더 높게 보였던 담장에 둘러싸인 금단의 땅은 50년여 년 지난 지금도 온전히 우리에게 돌아오지 못한 상태다. 미군 기지는 질곡의 역사를 고스란히 담고 있는 특별한 장소다. 구한말 임오군란을 계기로 청나라 군대가 이곳에 주둔한 뒤 청일전쟁을 겪으며 일본군이 주둔하게 되었고, 해방 후 미군정이 들어서면서 미군이 이 터를 차지하게 된다.

1990년 한미 양국은 '용산기지 이전 한미 간 기본합의서와 양해각서'를 체결했고, 2005년 대한민국 정부는 용산 미군 기지를 공원화하는 추진 계획을 발표했다. 노무현 대통령은 "이곳 용산은 아픈 역사를 가진 땅"이라고 장소적 의미를 강조하면서 "용산공원은 지금 세대만 아니라 미래 세대에게도 소중한 자산이며, 긴 시야를 가지고 푸르고 넓게 활용하면서 차근차근 완성해가야 한다"고 약속했다. 2007년 '용산공원조성특별법'이 제정되면서 공원화 프로젝트는 구체적인 법적 지위를 확보하게 된다.

2000년대 초반부터 용산공원 공원화에 관한 다양한 정책 연구가 축적되어 왔다. 중앙정부, 지자체, 시민사회 등 여러 주체의 사회적 합의를 이끌면서 계획안을 만들어 가는 과정을 진행했다. 2016년 정부는 각 부처에서 제안받은 구상안을 모아서 성급하게 용산공원 콘텐츠를 발표했다. 경찰박물관, 과학문화관 등의 신축을 발표하면서 부처 간 나눠 먹기와 난개발이라는 비판을 받았다. 당시 필자는 뜻을 함께하는 사람들과 '용산공원 시민 포럼'을 만들어 정부 주도의 용산공원 계획을 견제하고 시민사회의 역량을 모으고자 했다. 포럼을 지속하지는 못했지만, 용산공원 시민 포럼의 선언은 현재 시점에도 유효하다고 본다. "공원을 만드는 일은 백년지대계다. 하나, 용산공원은 온전한 모습으로 회복해야 하고, 둘, 시민과 함께 계획하고, 만들고, 운영해야 하며, 셋, 긴 호흡으로 천천히 추진해야 한다."

이후 서울시가 정부 주도 계획 방식의 개선과 온전한 공원 조성을 위한 면적 확대 등을 주장하면서 중앙정부를 압박한 결과 공원 부지가 확대되었다. 전쟁박물관, 국립중앙박물관 등이 부지에 포함되었고, 옛 방위사업청과 군인아파트 부지도 대상지에 편입되면서 공원 예정 부지 면적이 300만㎡로 확장되었다. 당시 서울시는 임대 주택에 대해서도 반대 의견을 분명히 밝혔다. "임대 주택 공급은 중요한 일이지만 그것은 오늘의 문제인 반면 용산공원을 온전히 하는 것은 내일의 문제이고 민족의 문제"라고 강조했다. 용산구는 드래곤힐 호텔 부지를 민간 대토 방법으로 이전하는 일까지도 추진했다. 아직 성과를 내지는 못했지만 제대로 된 모습의 공원을 만들기 위한 여러 주체의 노력은 여전히 현재진행형이다. 공원을 만드는 일은 집합적인 창조 과정이다. 시민들이 적극적으로 의견을 개진하고 사회의 리더들은 책임 있는 결정을 위해 선한 영향력을 발휘해야 한다.

뉴욕 센트럴파크의 경우 공원화 논의 시작에서 조성까지 많은 사람의 노력이 밑거름되었다. 1844년 언론인 브라이언트가 '숨 쉴 수 있는 장소'로서 공원의 필요성을 주창했다. 이후 사업가인 로버트 민튼의 주도로 사회 지도자들의 여론을 형성해 갔다. 1851년 킹스랜드 시장이 공원 조성을 선언하면서 160에이커 부지를 마련했다. 이후 한 청년의 제안에 따라 500에이커 시민공원을 지정하자는 주장이 설득력을 얻게 되었고, 1853년 시의회가 조성 추진을 공식 결정했다. 1855년 페르난드 우드 시장은 의회의 공원 면적을 줄이자는 결정에 거부권을 행사했고, 공공선이라는 명분으로 의회와 협상을 하면서 공원화 면적을 줄이지 않을 수 있었다. 1857년에는 더 확대된 700에이커 부지에 공원 설계공모를 진행해 설계안을 확정했고, 이후 추진 과정에서 843에이커로 공원 부지 면적을 더 확대했다. 더 좋은 공원을 만들기 위한 기나긴 과정 중에 많은 사람의 힘이 수렴되었다. 그 결과 센트럴파크는 백 년이 지난 오늘날에도 가치를 발하고 있다.

공원은 백 년 앞을 내다보는 미래를 설계하는 일이다. 2021

년 현재, 민주당 일부 국회의원들은 청년 임대주택 공급이라는 명분을 내세워 용산공원 부지 300만㎡의 20%인 60만㎡에 아파트 8만 가구를 짓겠다고 주장하고 있다. 이를 위해 특별법도 개정하겠다는 퇴행적 구상도 가지고 있다. 이는 여러 정권을 거치면서 일관되게 이어온 정책 기조를 뒤바꾸겠다는 것이고, 도시의 미래와 미래 세대에 관한 관심이 추호도 없다는 것을 방증하는 일이다. 오직 선거에서 표를 얻기 위한 임시변통의 태도다. 지금까지 정부와 전문가와 시민사회가 합의해 온 원칙과 방향을 뒤엎는 일은 결코 옳지 않다.

얼마 전 민주당 대통령 후보자는 용산공원에 관해 상이한 두 가지 공약을 발표했다. "용산공원을 뉴욕 센트럴파크에 버금가는 자연 속 휴식과 문화의 공간으로 조성하겠습니다"라는 공약을 발표한 다음 날 용산공원 부지 일부와 주변 부지에 공동주택 10만 호를 건설하겠다는 공약을 발표했다. 어렵게 확보한 부지의 20%에 주택을 지으면서 어떻게 센트럴파크 버금가는 좋은 공원을 만들 수 있을까. 서로 배치되는 모순의 약속이다. 아픈 역사를 가진 터전을 치유해 공공이 함께 누리고 우리 후손에게 물려줄 공원을 온전히 지켜야 한다. 이 땅의 공간 주권을 회복한다는 측면에서도 중요한 일이다. 용산공원은 천천히 만들며 미래를 위해 남기고 아껴야 할 땅이다. 용산공원 특별법 개정에 반대한다. 용산공원 지키기 범국민운동을 제안한다.

글을 마치며 2005년 용산공원건립추진위원회 위원장의 말을 되새겨본다. "용산기지 공원화 사업은 착공은 있으나 준공은 없는 장기 사업이다. 후손들이 원하는 대로 공원을 조성할 수 있도록 가급적 많이 남겨 놓아야 한다는 점에서 기존의 공원 조성 사업과는 다르다. 광복 100주년인 2045년, 공원은 완성될 것이다."

07 —————
기후변화
시대의
조경

그린 히어로,
팬데믹과 기후 위기 시대의 조경

박명권

2020년부터 온 세상의 화두는 온통 코로나19였다. 처음 코로나가 창궐했을 때는 이 극악무도한 감염병에 어떻게 대응해야 할지가 주된 관심사였다면, 다양한 백신이 개발되고 이른바 인류에게 '반격의 시간'이 돌아온 뒤에는 코로나가 바꿔놓을 새로운 변화에 대해 사회 여러 분야에서 다양한 진단서들이 쏟아져 나오고 있다. 주된 화제는 새로운 세상에서 어떤 모습으로 살아남을 것이냐 하는 것이다. 미국 국무장관을 지낸 헨리 키신저는 "코로나 팬데믹이 끝나도 세계는 그 이전과 전혀 같지 않을 것이며 코로나19가 세계 질서를 영원히 바꿔놓을 것"이라고 진단했다. 굳이 유명인사의 전망을 빌리지 않더라도 우리 모두는 코로나19로 인해 우리 일상의 모양이 바뀌고 직장과 일에 대한 고정관념이 변하면서 경제 구조와 생활 양식에도 큰 변화가 찾아올 것을 알고 있다. 코로나19 이후의 세계는 어떤 모습일까. IT 기술의 상용화와 확산이 빨라지면서 재택근무로 대표되는 가정의 사무실화, 온라인 교육과 원격 의료 도입, 젊은 층의 전유물로 여겨지던 온라인 쇼핑의 폭증에 따른 비대면 경제 활동 일상화 등 예전에는 당연시 여겨지던 사회·경제 시스템들의 진입 장벽이 일거에 무너지면서 걷잡을 수 없는 변화를 맞이하게 될 것이다.

코로나가 가져올 변화와 더불어 인류는 또 다른 위기의 국면에 처해 있다. 그것은 최근 더욱 가속화되고 있는 지구의 기후 위기다. 전문가들은 본질적으로 코로나19보다 기후 위기를 훨씬 더 큰 위협으로 평가하고 있다. 코로나19 극복 여부와 무관하게 기후 위기는 점점 심각해지고 있고, 이에 대응할 필요성은 더욱 커지고 있으며, 그 영향력이 상상을 초월할 정도이기 때문이다. 코로나19는 백신 개발 이전에도 사회적 거리두기와 비대면 인프라를 통해 경제 활동이 가능했던 반면, 기후 위기는 계속 심해질수록 폭우, 태풍, 산불, 폭설, 혹한 등에 의해 직접 생명의 위협을 초래할 뿐 아니라 식량 생산의 감소를 야기해 인류의 생존 자체에 위협이 되기 때문이다. 지구 온난화의 주범인 대기 중 CO_2 농도는 산업혁명 이후 대폭 증가하여 지난 100년간 지구의 평균 온도를 0.74℃ 상승시켰다. 기후변화로 인해 이미 거북류의 50%, 고래류의 80%가 멸종되었다. 이 같은 추세라면 2030년에는 지구상에서 북극곰을 볼 수 없을 것이라고 한다. 한반도도 예외가 아니어서 서울의 연평균 온도는 지난 100년간 2.4℃ 상승했다. 전 세계 평균의 3배에 달할 만큼 그 위기가 심각하다. 바이든의 당선으로 트럼프가 탈퇴한 파리기후협정에 복귀하고 세계기후정상회의를 소집하는 등 향후 인류가 기후 위기에 대응할 최소한의 여건이 조성되고 있는 점은 그나마 다행이다.

유엔환경계획UNEP은 2008년 10월 런던에서 '친환경 뉴딜 Green New Deal' 정책을 새로운 성장 동력으로 제시하고 환경 분야에 대한 투자를 활성화하자고 주장한 바 있다. 우리 정부도 2020년 7월 '한국판 뉴딜 종합계획'을 발표했다. 코로나19를 계기로 새로운 성장 동력이 필요하고 기후 위기 대응 및 저탄소 사회로의 전환 중요성이 부각됨에 따라 2025년까지 160조 원을 투입하는 대규모 재정 정책을 수립한 것이다. 이 정책은 디지털 뉴딜과 그린 뉴딜 두 개의 축으로 추진한다. 우리의 관심 분야인 그린 뉴딜은 친환경·저탄소 등 그린 경제로의 전환을 가속화하는 것이다. 세부 전략으로 도시·공간·생활 인프라 녹색 전환과 저탄소·분산형 에너지 확산, 녹색산업 혁신 생태계 구축 등을 통해 2025년까지 약 76조 원을 투입해 일자리 65만 9천 개를 창출한다는 계획이다. 특히 인간과 자연이 공존하는 미래 사회를 구현하기 위해 녹색 친화적 생활환경 조성을 목표로 하는 '국토·해양·도시의 녹색 생태계 회복 전략'과 미래 기후변화·환경 위기에 대응하는 '녹색산업 혁신 생태계 구축 전략'이 우리의 눈길을 끈다.

조경가들은 코로나19와 기후 위기로 야기된 도시 환경과 생태계의 변화, 인류의 건강과 안전에 대해 누구보다 선도적이고 실천적인 해법을 제시해 왔다. 조경이 표방하는 그린 인프라는 도시 내에 풍부한 생태계 서비스를 제공함은 물론 사회적 거리두기로 인해 카페와 PC방 등에서 시간을 보낼 수 없는 사람들과 사회적 약자들에게 대안적 피신처가 될 수 있다. 저널리스트이자 위생국 서기관이었던 프레더릭 로 옴스테드가 당시의 열악한 도시 환경을 개선하고 전염병으로부터 안전한 피난처로 센트럴파크를 계획한 것은 오늘날에도 시사하는 바가 크다. 당시 옴스테드의 설계 개념 중 하나는 '도심에서 자연으로의 최단 시간 내 탈출'이었다. 자연도 도시 구조에서 중요한 인프라라는 점은 이제 코로나19와 기후 위기라는 시대적 난제 앞에서 그 중요성이 더욱 부각되고 있다. 그린 인프라는 지역 사회에 중요한 서비스를 제공하고 홍수와 폭염으로부터 인류를 보호하며 인간과 환경의 건강을 뒷받침하는 공기와 수질을 개선하는 데 도움을 준다.

점과 면의 공간으로 조성된 그린 인프라 외에도 사회적 거리 두기의 영향에 따라 선형적이고 입체적인 보행 가로의 중요성이 더욱 커지고 있다. 조경가가 설계하는 그린 스트리트는 단순한 보행 가로 녹화의 개념을 넘어 LID 설계를 통한 비점오염원 저감과 물 순환 환경 개선, 커뮤니티와 건강, 장소의 역사성을 간직하게 해주는 교육의 장으로 거듭날 수 있다. 한곳에 머무르지 않고 이동을 원활히 하여 인프라 간의 보행 연계성을 강화하고 지역 전체를 공원화함으로써 감염병 확산을 막을 뿐만 아니라 재택근무 환경에 처한 도시민들에게 쉴 장소를 제공할 수 있다. 조경가는 쾌적하고 활력이 넘치고 안전하며, 누구에게나 접근을 허용하며 생태적이고 아름다우며 탄력적인 지속가능한 그린 스트리트를 만드는 데 앞장서고 있다.

코로나19로 인해 국가 간, 지역 간 이동이 감소함에 따라 지역 사회 내에서 사회적, 경제적, 환경적 혜택을 제공하는 일이 중요해졌다. 공공 및 이해 관계자를 참여시키고 더 나은 지역 사회와 건강한 환경을 조성하는 개방적이고 참여적인 설계 프로세스를 통해 조경가들은 최상의 커뮤니티 개발 솔루션을 제공하고 있다. 일상, 일, 놀이를 통합하고 지역 자연환경을 보호하며 지역 사회의 장소적 가치를 드높이는 일에는 조경가가 최적이다.

미국조경가협회ASLA의 환경 윤리 강령은 이렇게 선언한다. "생물학적 시스템의 건강과 웰빙 그리고 그것들의 완전 무결성은 인간의 복지를 유지하는 데 필수적이며, 미래 세대는 현존하는 것과 동일한 환경적 자산과 생태적 미학에 대한 권리를 가진다. 인류가 장기적으로 경제적 생존을 유지하는 것 또한 자연환경에 달려 있다."

조경가는 세계를 탄소중립의 미래로 옮기는 데 공헌하며 걷기 좋은 지역 사회를 계획하고 설계한다. 이러한 모든 노력은 지역 사회의 탄력성을 개선하여 기후변화에 더 잘 적응할 수 있게 해준다. 모든 생명체의 삶을 지탱하는 환경의 완전 무결성을 향상시키고 존중하며 이를 복원하기 위해 노력하는 조경가야말로 이 시대의 진정한 그린 히어로다.

넷제로 사회로의 전환과 조경

이은희

전 세계가 코로나 팬데믹에 직면해 어려움을 겪고 있는 상황을 두고 많은 학자는 이 또한 기후변화와 무관하지 않다고 진단한다. 이제 기후변화 시대를 넘어 기후 위기, 기후 비상사태에 앞으로 어떤 재난이 또 닥쳐올지 예측하기 어렵다. 유럽의회는 이런 상황을 직시하고 2050년까지 탄소중립인 '넷제로Net Zero 사회'로의 전환을 촉구하면서 파리협정에서 제시한 지구 온도 상승 2℃ 이하보다 강화된 1.5℃ 이하를 목표로 다양한 노력을 기울이고 있다. 이제 기후변화뿐 아니라 생물다양성 손실과 팬데믹 확산 등으로 무엇보다도 자연의 법칙과 멀어진 관계를 회복시킬 때다.

『글로벌 그린 뉴딜』의 저자 제러미 리프킨은 코로나19의 원인으로 기후변화를 지목하면서 탈 화석연료 문명과 그린 뉴딜을 강하게 제안했다. 우리나라도 2020년 7월 일자리 창출과 경제·기후·환경 위기 극복을 위한 국가 전략으로 그린 뉴딜을 발표했다. 조경 분야의 일자리 창출은 어떠한가. 조경 분야는 기후변화 시대에 어떤 역할을 할 수 있을까. 국민 생활과 밀접한 공공 시설 제로 에너지화의 그린 리모델링, 스마트 그린 도시, 도시숲 조성, 도시 및 생태계 복원 사업 등에 관여할 수 있을 것이다.

세계그린빌딩협회WorldGBC는 전 세계적으로 건물과 건설과 관련된 CO_2 발생량이 전체 배출량의 39%를 차지하고 있는 상황에서 UN이 제시한 지속가능목표SDGs를 달성하기 위해 건축물을 그린 빌딩으로 전환하는 것이 무엇보다도 필요하다고 주장한다. 그린 빌딩의 이점으로 기후와 자연환경 측면에 유리하게 작용하여 도시 생태를 고려한 자원 순환, 물 순환, 녹지 조성과 생물다양성 증진에 기여할 수 있을 뿐 아니라 도시 지역을 보다 생산적으로 만들어 도시농업을 확대할 수 있다는 점을 들고 있다. 또한 2030년까지는 신규 건축물, 2050년까지는 기존 건물을 포함한 모든 건물의 탄소 배출 중립을 통해 물과 폐기물의 순환을 포함한 넷제로 사회 구현을 위한 글로벌 프로젝트를 추진하고 있다.

우리나라 그린 뉴딜은 일자리 창출에 있어 산업과 기술적 측면이 우선시 되나 생태계 복원, 생물다양성, 도시의 그린 인프라 확대를 통해 자연성에 기반한 도시 환경 개선에 더 큰 비중을 둘 필요가 있다. '유럽 생물다양성 전략 2030'에 따르면, 유럽의 '나투라Natura 2000 네트워크'는 미래에는 생물다양성을 위해 50만 개의 일자리가 필요할 것으로 예측한다. EU 예산의 25%는 기후 행동, 그중 많은 부분이 생물다양성과 자연 기반 해법을 위해 할애될 정도로 높은 비중을 차지하고 있다.

『두 번째 지구는 없다』의 저자 타일러 라쉬가 인공 환경 속에서 인간은 자연과 연이 끊어진 것이 아니라 인간이 자연의 일부이며 연결되어 있다는 것을 지목한 것처럼, 우리는 자연을 대하는 접근 방식을 바꿔야 할 것이다. 기후변화와 생물다양성은 밀접한 관계가 있는 만큼 함께 가야 할 것이다. 최근 태풍으로 인해 급경사 산지에 무분별하게 개발된 태양광 시설들이 무너진 것을 언론을 통해 접한 바 있다. 이처럼 한 가지 측면만 강조하면 탄소 흡수원인 산림을 오히려 훼손하고 더 큰 손실을 가져오는 결과를 초래한다. 국내 감축분 및 흡수원의 하나인 LULUCFLand Use, Land-Use Change and Forestry(토지 이용, 토지 이용 변화와 산림)에서 도시 내 숲과 공원, 녹지 조성 등 그린 인프라의 비중 확대는 도시 환경 개선은 물론 기후변화 대응과 적응을 위한 일석이조가 될 것이다. 미래에는 다기능성을 강조해야 할 것이다. 그 예로 농업과 태양광 시설의 상생인 영농형 태양광agrophotovoltaic이 있지만, 이 또한 난개발이 되지 않도록 재생에너지 생산을 위한 입지 선정과 경관, 생태계 등 평가 분석에 조경 분야가 참여해 윈윈할 수 있는 방법도 모색해야 할 것이다.

2050년 탄소중립 사회인 '넷제로 사회'로 접어들기 위해서는 조경 분야의 융복합적 환경·생태 디자인이 더욱 필요하다. 생물다양성과 기후변화 적응을 위해 접근 방법을 더 다양화해야 한다. 도시의 물 순환 개선을 위해 LID 기법이 활용되고 있듯, 녹지가 미세먼지 흡수 능력과 탄소 흡수원으로 역할을 할 수 있는 정량적 데이터를 제시하는 공학적 기법의 활용 폭을 넓혀야 할 것이다. 이를 통해 도시·생활 부문에서는 도시숲, 기후숲, 도시공원 조성과 더불어 벽면·옥상녹화 등 건축물 녹화의 안정된 기술 정착을 통해 도시 녹지를 탄소 흡수원으로 자리매김하게 할 수 있을 것이다.

또한 지속가능한 도시 환경과 공동체, 그리고 포스트 코로나 시대에는 건강과 복지를 위해 녹지의 중요성이 더욱 부각될 것이다. 기후변화 대응과 생물다양성을 위해, 특히 도시에서 인간과 자연이 함께 공존하고 혜택을 누릴 수 있도록 다기능적 접근을 한다면 미래 '넷제로 사회'에서 조경 분야가 더욱 중요한 역할을 할 수 있을 것으로 기대한다.

코로나19가 만들 공원

김대현

인간은 환경에 적응하는 동물이라 했던가. 3개월만 지나면 변화된 세상에 적응하고 그 이전의 세상을 잊어버린다. 인간은 환경에 적응하는 속도가 무척 빠르다.

2019년 12월 중국 우한에서 발생한 바이러스성 호흡기 질환인 신종 코로나는 가공할 만한 전염력으로 세계로 전파되었고, 2020년 3월 세계보건기구가 팬데믹을 선언했다. 8개월이 지난 2020년 7월, 우리의 일상생활은 무척이나 변했다. 마스크 착용이 의무화되었고 대부분의 학교는 비대면 수업을 진행한다. 코로나19가 변화시킨 비대면 사회는 아직도 어색하고 두렵기만 하다. 코로나19 이후 사회의 모습은 쉽게 예전으로 돌아갈 것으로 생각되지 않는다. 어떤 이는 미래의 세상을 2~3년 빨리 경험시킨 것에 불과하니 빨리 적응하자고 말한다.

얼마 전 방송에서 코로나19 이후에 나타날 사회의 모습을 흥미롭게 요약한 내용을 보았다. "일상생활 속 안전이 최고, 개인

주의 성향 강화, 외식보다는 집밥, 대안 시장 성장, 홈 교육의 부상, 비대면 문화 확산, 온라인 소비 확장, SNS 기능 확산, 재택 업무, 국내의 재발견." 비대면 문화, 온라인 활동, 위생 생활로 요약되는, 코로나19 이후 새로운 지구 사회의 모습은 가슴을 답답하게 한다. 전염병 대유행이 끝나더라도 이러한 모습은 우리 생활에 더 깊숙이 파고들 것으로 예상되므로 사회 변화로 인한 아노미를 겪지 않으려면 단단한 마음의 준비를 해야 할 것이다.

이러한 전망을 반영한 도시공원 관련 신문 기사도 눈에 띄었다. 오스트리아 건축회사 프레히트는 수도 빈에 조성될 공원 설계 공모전에서 '거리두기 공원' 계획을 제안했다. 좁다란 1인용 산책로 여러 개를 소용돌이 모양으로 나란히 배치했다. 600m 길이 각 산책로 사이에 산울타리를 두고 산책로 양 끝에는 '사용 중' 표지판을 달아서 이용자가 겹치지 않도록 했다. 이 회사 크리스 프레히트 대표는 "사람들 사이의 물리적 거리를 확보하기 위한 디자인이지만 코로나19 팬데믹이 지나간 뒤에도 복잡한 도시에서 잠시 혼자만의 시간을 누리는 공간으로 활용할 수 있을 것"이라고 했다(디지털 조선일보 2020년 7월 24일).

이 계획안의 조감도는 마치 중세의 미로 정원 같다. 동선 구조는 순천만국가정원의 봉화 언덕을 닮았는데, 입구로 들어간 사람이 일방통행으로 다른 사람과 만나지 않고 출구로 나오는 형태다. 합천 해인사 대웅전 앞에 구획된 봉축 행사 동선 형태가 떠오르기도 한다. 모두 사람 간 접촉을 피하기 위한 동선 구조다.

코로나19 사태는 우리의 사회 생활과 더불어 기존의 공원 모습을 바꾸고 있으며, 지금 불고 있는 인공지능 기술 및 사물인터넷, 빅데이터 등 4차 산업혁명 기술의 전개와 함께 사회 경제 전반에서 더 많은 특이한 변화를 유도할 것이다. 그렇다면 코로나19는 공원의 모습을 어떻게 변화시킬 것인가.

첫째, 코로나19는 건강과 면역 그리고 위생을 강조하므로 기존 공원보다 더 많은 치유 식물과 건강 시설이 요청되고 약용 및 허브 식물 도입이 증대할 것이다. 그리고 다양한 체력 단련 및 건강 관련 시설 도입이 필수적일 것이다. 둘째, 코로나19로 인한 개인과 개인 간 사회적 격리가 심화되어, 우울감과 고독감을 줄일 수 있고 주변 이웃과 친밀감을 가지게 하는 등 긍정적 효과가 있는 반려 식물에 대한 수요가 증가할 것이다. 반려 식물을 가꾸는 방법과 지식을 알려주는 교육 장소도 필요할 것이다. 셋째, 개인 텃밭을 통해 채소와 음식물을 자급자족하는 개인 중심의 도시농업과 텃밭 활동이 활발해질 것이다. 즉 위생적 유기농 식품에 대한 인식 향상과 더불어 유전자 재조합 식품에 대한 부정적 인식이 높아지면서 안전한 먹거리를 내 손으로 자급자족하려는 노력이 보편화될 것이다. 넷째, 혼자만의 여유로운 공원 이용에 적합한 공원 조성과 운영이 요구될 것이다. 이를 위해 개장 시간을 야간까지 늘린다든지, 편안하고 안전한 공원 이용을 위해 범죄 예방 설계와 조명 시설 그리고 CCTV 등 다양한 방범 시설이 필요할 것이다. 다섯째, 코로나19 전염을 방지하기 위해 공원의 시설과 형태가 공동보다는 언택트 위주 공간으로 구성될 것이다. 즉 소규모 혹은 가족 단위 운동과 시설의 형태가 늘어날 것이며, 이를 위해 유기적으로 연결된 토지 이용과 동선 형태보다는 파편화되어 구분된 공간 구성이 시도될 것이다.

우리는 코로나19로 인해 정말로 기존 공원의 주요 기능인 계층 간 연결과 소통을 포기할 것인가. 심한 기우이길 바랄 뿐이다. 그러나 코로나19는 이를 심각히 고려하라는 메시지를 던지고 있으므로 미래 공원의 변화와 공원의 사회적 역할에 대해 진지하게 고민해야 할 것이다. 조경가는 창의적 아이디어와 지혜를 통해 이러한 문제에 해답을 제시해야 할 것이며, 앞으로 진화될 새로운 공원의 모습과 새로운 서비스 향방에 대한 사회적 합의를 도출하고 그 실현을 위해 노력해야 할 것이다.

기후 위기 시대, 조경은 어떤 대안을 제시할 수 있을까

김진수

역사상 어느 시대에나 그 시대를 대표하는 시대정신이 있었다. 시대정신은 원래 문화적 의미로 쓰였으나 특정 시대를 아우르는 정신 자세나 태도를 의미하기도 한다. 지금의 시대정신은 무엇일까. 생존과 조화가 지금의 시대정신이 아닐까 한다. 기후 위기로 인해 인류와 다른 종들의 생존까지 위협받고 있다. 이 위기를 극복해야 지구에 조화로운 평화가 찾아와 모든 생명체가 잘 어우러져 살 수 있을 것이다.

불과 수십 년 전에는 모르던 생소한 단어들이 우리의 중요한 키워드가 되었다. 어떤 것들이 있는가. 기후 위기, 탄소중립, 생물다양성, 리질리언스, 지속가능성, 보전생물학, 복원생태학, 생태발자국, 자연 기반 해법, 지속가능성, 비오톱, 윤리적 소비 등이 있다. 그것들의 해법과 실천이 우리의 생존과 밀접한 관계를 갖게 되었다.

이런 위기 시대에 조경은 마땅한 역할을 하고 있는가. 조경은 도시화가 진행될수록 그 중요성이 커져 왔다. 도시열섬 현상, 미세먼지, 생물다양성의 문제가 우리에게 심각한 위협으로 다가왔고, 조경은 이 문제들에 대한 해결을 담당하는 것으로 그 중요성과 역할이 커졌다. 하지만 아직 조경인의 인식은 이에 미치지 못하고 있으니 조경이 제 역할을 한다는 것은 요원한 일로 보인다.

조경 관련 법은 독립법이 아닌 건축법의 한 조항에 속해 있고 조경 기준, 관련 조례 등도 많은 문제점을 안고 있다. 조경의 생태환경적 중요성은 우리의 건강한 삶은 물론 더불어 사는 문제와 밀접한데, 조경 의무 면적은 이해관계에 따라 오히려 줄었다. 공장과 주차 건물이 온실가스의 주된 배출 원인데도 불구하고 조경 의무 면적이 없거나 터무니없이 낮게 제도화되어 있다. 거꾸로 된 정책이 아닐 수 없다. 눈앞에 전쟁이 발발했는데 낡은 옷 입고 소총을 들고 방탄복과 신무기로 무장한 적들과 싸워야 하는 것과 다를 바 없다.

조경이 맡은 역할을 제대로 해서 지금보다 더 나은 환경을 조성하게 하는 방법은 무엇일까. 우선 조경의 중요성에 대한 인식을 높여야 한다. 아직도 조경은 건축법에 따라 억지로 해야만 하는 귀찮은 것의 하나라고 생각하는 일반 건축주와 시공사의 인식이 존재한다. 조경은 이제 미관을 향상시키는 단순 역할을 넘어서서 기후 위기를 극복하고 도시의 환경 문제를 해결하며 우리의 건강한 삶을 위한 중요한 역할을 한다는 인식 전환이 필요하다. 또한 조경으로 인해 건물의 가치가 상승하고 분양과 임대가 용이하다는 장점이 있어 비용 대비 효과가 크다는 점도 알려야 한다.

　또한 잘못된 기존 법과 제도를 바꾸기 위해 노력해야 한다. 현재 건축법 안에 있는 조항들은 건축주의 요구 상황에 따라 기준이 완화되어 왔다. 그런 이유로 몇 번에 걸쳐 조경 의무 면적이 줄어들었다. 도시열섬 현상과 탄소 발생의 주된 원인은 건물이다. 건물이 도시 온실가스의 68%가량을 배출한다는 사실을 잊으면 안 된다. 원인자 부담의 원칙이 적용되어야 한다. 오히려 지금보다 더 강화된 조경 면적을 확보해 온실가스 문제를 해결하는 것만이 모두의 이익이라는 사실을 더 적극적으로 알려 필요한 법과 제도 개선을 이루어야 한다. 또한 국토교통부의 '조경 기준'도 현실에 맞게 개정되어야 한다. 법이 너무 촘촘한 것을 좋아하는 편은 아니지만 법을 유리하게만 적용해 준공만 끝나면 방치되도록 하는 조경 관련 법은 분명 바뀌어야 한다. 그리고 준공한 이후 방치되어 제 역할을 못 하는 지금의 현실을 개선할 방법을 찾아야 한다.

　인공지반 녹화와 관련된 조항을 강화해야 한다. 지상 의무 면적을 늘리는 것에는 경제적 문제로 인해 많은 저항이 예상된다. 차라리 하늘에서 보는 평면 대부분을 녹화하는 방식으로 개정하는 것이 옳은 방법이다. 조경 의무 면적 및 옥상 토심에 대한 조항이 한번 크게 바뀐 적이 있다. 지상 조경 면적을 줄여주는 대신 옥상 녹화 면적을 늘리는 것이었고 옥상 토심을 낮춰준 개정이었다. 하늘에서 바라본 녹화 면적을 대폭 확대하여 도시 환경을 개선하고자 하는 목적이었으나 결과적으로는 실패한 정책이 되었다. 이렇게 완화된 기준은 시공사의 비용을 낮추는 기회가 되었고 그렇게 녹화된 많은 옥상이 방치되어 기능을 하지 못하고 있는 현실이다.

도시에는 녹지를 확대할 공간이 턱없이 부족하다. 옥상과 벽면에는 무궁무진하게 녹지를 조성할 공간이 있다. 옥상과 벽면은 생물다양성을 위해 징검다리 생태계의 역할, 띄엄띄엄 숲의 역할을 할 수 있는 중요한 공간이며, 생활권에서 가장 가깝게 접근할 수 있는 녹지이기 때문에 활용 가능성이 크다. 신축 건축물의 녹화도 강화해야 하지만 기존 건물의 녹화도 필요하다. 기존 건물을 방치하면 도시 녹화 확대와 기후 위기 대응에 부족하다. 기존 건물의 녹화 대책을 마련해야 한다. 인공지반 녹화와 관련해 가장 중요한 것은 녹화 면적을 확대하는 것이지만, 생태형(저관리형) 옥상 녹화를 통해 적은 비용으로 큰 효과를 볼 수 있도록 하는 제도 개선도 필요하다.

런던과 뉴욕의 사례를 참고해 보자. 런던의 1인당 녹지 면적은 27.2㎡로 서울의 5.79㎡보다 다섯 배 정도 넓다. 그런데도 런던은 2050년까지 옥상 녹화와 벽면 녹화를 통해 녹지 면적을 획기적으로 확대해 기후 위기를 극복하고 탄소중립을 이룬다는 목표를 세웠다. 뉴욕도 1인당 녹지 면적이 서울보다 두 배나 되지만 2019년 기후동원법이라는 강력한 법을 제정해 대부분 신축 건물의 옥상 녹화를 의무화했으며, 유예 기간을 거쳐 기존 건물도 녹화를 하지 않으면 페널티로 제재하는 충격적인 정책을 추진하고 있다. 그만큼 위기 의식을 느끼고 있다는 반증이다. 이런 위기가 그들에게만 온 것은 아닐 것이다. 다만 우리는 위기 의식에 대한 대처가 늦은 것뿐이다. 지금은 전시에 준하는

214

시대임을 분명하게 인식하자.

　우리 세대와 우리 후대를 위해, 지구상 모든 생물이 조화롭게 살아가는 미래를 위해 조경은 중요한 역할을 할 수 있다. 조경이 이러한 역할을 할 수 있도록 노력하는 것은 우리의 당연한 의무다.

기후변화 대응, 조경의 새로운 소명

오충현

최근 기후 위기라고 하는 말을 자주 들을 수 있다. 이는 기후변화로 인한 다양한 피해가 우리 생활 가까이 왔다는 의미다. 기후변화는 우리가 잘 알고 있는 것처럼 산업혁명 이후 과다하게 사용한 화석연료로 인해 발생했으며, 전 세계는 이와 같은 상황을 인식하고 다양한 저감 방안을 마련하고 있다. 우선 2040년까지 지구의 평균 기온 상승을 $1.5℃$ 이하로 억제하고자 노력하고 있으며, 각국 정부는 이를 달성하기 위해 자발적인 온실가스 감축안을 제시하고 있다. 우리 정부 역시 이를 위해 탄소중립법을 제정하고 온실가스 감축을 위해 저탄소를 지향하는 산업 구조 개편을 추진하고 있다.

우리나라에서는 1970년대 이후 현재까지 약 $1℃$ 이상의 평균 기온 상승이 발생했다. 이 변화는 중위도 지역에서 훨씬 빠르게 진행되고 있어서 현재 서울의 평균 기온은 1970년대 전주와 대구의 평균 기온과 유사하며, 1970년대 대전의 평균 기온보다는 더 높아졌다. 결과적으로 우리나라에서는 대략 평균 기온 1℃가 상승했고 기후대는 약 200km 북상했다.

평균 기온의 상승은 생태계 전반에 영향을 주고 있다. 기온 상승으로 봄꽃은 일찍 피지만 상대적으로 봄철 곤충의 부화는 이를 따라오지 못하고 있다. 개화 시기와 곤충 부화 시기의 불일치는 곤충 개체군 감소로 이어지고 있다. 이를 생태학적 불일치라고 한다. 기후변화로 인한 생태학적 불일치는 이미 30여 년 전부터 예상된 일인데, 이제 현실이 되었다. 그 결과 농촌에서는 과일의 꽃가루 수정을 위해 사람을 동원하거나 인공적으로 벌을 키워 곤충이 하던 일을 대신해야 하는 상황을 맞았다. 이런 상황은 당장에는 농산물 가격 상승 문제를 낳지만 종국에는 지구 생태계 전체에 영향을 주는 심각한 문제가 될 수 있다.

이상 기후와 가뭄도 심해지고 있다. 폭우와 폭염, 이상 한파가 발생하고 있고 장마 기간이 변동되었다. 우리나라는 온대 몬순 기후대로 늦은 봄에 모내기를 마치면 초여름에 장마가 시작되어 벼농사 짓기에 적합한 기후를 유지해 왔다. 하지만 기후변화가 계속되면서 장마가 한 달 정도 늦어지거나 마른장마 현상이 진행되고 있다. 그 결과 농작물에 비가 필요한 시기에는 비가 부족하고 벼가 익어가는 시기에는 폭우가 내리는 현상이 반복되고 있다. 심지어 벼 수확이 끝난 추석에 홍수가 발생하는 경우도 있다.

여름철에는 폭염으로 열대야가 증가해 취약 계층에게 심각한 위협이 되고 있어 지방자치단체들은 어르신 더위 쉼터 등 다양한 폭염 대책을 마련하고 있다. 겨울철에는 이상 난동과 한파가 반복적으로 발생해 우리나라 겨울 기온의 대표적 특징이었던 삼한사온이 사라져버렸다.

가뭄도 문제가 되고 있다. 가을부터 겨울을 거쳐 봄까지 이어지는 가뭄은 산림에 심각한 영향을 주고 있다. 특히 아고산 지역에 사는 구상나무, 분비나무 같은 식생의 피해가 매우 심각하다. 또한 동절기 가뭄은 대형 산불로 이어진다. 눈이 내리지 않으면서 산림이 건조해지고 그 결과 봄철 산불 발생 빈도가 높아지고 있다. 최근 동해와 울진 지역에서 발생한 대형 산불이 대표적인 예다.

기후변화 대응은 크게 두 가지로 요약할 수 있다. 첫 번째는 기술적 방법을 통해 기후변화 요인인 탄소 배출을 억제하고 탄소를 흡수하는 방법이다. 이를 위해 에너지 효율을 높이고 있고 때로는 탄소 저장 기술을 개발해 운영하고 있다. 두 번째는 자연에 의지해 산림과 습지, 토양과 같은 탄소 흡수원을 잘 관리하고 보전하는 방법이다. 하지만 첫 번째 기술은 기후변화의 속도에 비례해 매우 천천히 발달하고 있고 그 효과도 낙관적이지 못하다. 따라서 현재로서는 자연을 바탕으로 하는 탄소 흡수원 증대 방안이 가장 효율적인 대책이라고 할 수 있다.

최근 국제 생물다양성 전략은 육상 보호 지역의 면적을 국토의 30%, 해양 보호 지역의 면적을 해양의 30%로 확보하도록 하는 정책을 권장하고 있다. 이미 유럽 국가들은 이를 위해 다양한 정책을 추진하고 있다. 우리 정부는 그동안 이전 생물다양성 목표인 육상 면적의 17% 확보를 위해 큰 노력을 기울여왔다. 그 결과 목표를 달성했지만, 이제는 새롭게 추가로 13%를 더 확보해야 하는 어려움에 닥쳤다. 이를 위해서는 기존 보호 지역이 아니라 보호 지역 범주로 포함시킬 수 있는 다양한 기타 지역을 추가 확보하는 것이 필요하다. 후보가 될 만한 대표적인 곳이 도시공원과 같은 도시숲, 하천과 습지, 연안 갯벌 같은 지역이다.

조경은 1970년대 이래로 국토 경관을 개선하고 쾌적성을 증진하기 위한 다양한 활동을 해온 결과 다양한 녹지 공간 조성을 통해 많은 성과를 거두었다. 하지만 조경은 이제 경관 개선과 쾌적성 증진을 넘어 기후변화 시대의 탄소 흡수원 조성 및 관리를 통해 기후변화 대응이라는 중요한 역할을 해야 한다. 이를 위해서는 녹지 공간의 조성 관리는 물론 훼손지 복구, 보호 지역 보전 관리와 같은 새로운 분야에 대한 적극적 참여와 활동이 필요하다.

우리는 지구를 지킬 수 있을까

제상우

"딸이 지구의 마지막 세대가 될 것이네." 몇 년 전 인기를 끌었던 SF 영화 '인터스텔라'에서 새 대체 행성을 찾는 브랜드 박사가 주인공 쿠퍼에게 한 대사. 2067년의 지구는 20세기에 범한 잘못으로 건조한 모래 먼지로 뒤덮이고 옥수수 외의 곡식은 더는 재배되지 않고 세계 각국 정부와 경제가 완전히 붕괴된 상황으로 묘사된다.

1987년 지속가능한개발ESSD(Environmentally Sound & Sustainable Development) 개념이 처음 등장했을 때 열변을 토하시던 교수님의 말씀, 당시에는 먼 나라 이야기로 들렸다. 하지만 그로부터 30여 년이 지난 지금은 어떤가.

2019년 9월 발생한 호주 산불로 무려 10억 마리에 달하는 야생동물이 목숨을 잃었고 28명의 사망자가 발생했다. 꺼질 줄 모르던 산불은 해를 넘긴 2월에야 숲 1,860만 헥타르를 불태우고 모습을 감췄다. 한반도 면적 절반을 태운 셈이다. 2020년에는 중국을 비롯한 동아시아 지역에 긴 장마와 태풍이 연일 계속되었다. 우리나라에서는 최장기 52일 동안(6월 10일~9월 12일) 폭우와 장맛비로 여름철(6~8월) 강우량이 1,207.9㎜로 1973년 기상 관측 이래 제일 많았다. 미국에서는 캘리포니아, 오리건, 워싱턴주 서부 연안을 따라 산불이 번져 서울의 20배를 태웠다. 2020년 초부터 전 세계를 휩쓴 코로나19 또한 기후변화와 무관하지 않다고 한다.

우리가 사는 이 행성에서 일어나고 있는 일련의 사건을 앞에 두고 우리 인간은 너무 무기력하고 안일하게 대처하고 있는 것은 아닐까. 우리의 자식들이 지구의 마지막 세대가 될지도 모르는데 말이다. 물론 여러 방면에서 노력이 진행되고 있기는 하다.

1992년 6월 기후변화협약, 1997년 12월 교토의정서, 2015년 12월 파리협약 등 꾸준한 노력이 전개되고 있다. 하지만 이러한 노력은 '기후변화가 인류의 생존에 있어 그 어떤 것보다 중요하다'라는 인식이 없으면 여러 나라의 이해관계로 지키기 쉽지 않다. 미국이 자국의 이익을 위해 2019년 파리기후협약을 탈퇴하겠다고 통보한 것이 단적인 예다. 2020년 미국 대선에서 조 바이든 현 대통령이 기후변화를 지구의 가장 긴급한 위기라고 지칭하고 역대 대통령 중에서 가장 강력한 기후 의제를 제시한 게 그나마 다행이다. 그는 대통령에 당선되면 곧바로 파리기후협약에 복귀하겠다고 선언했다. 각국의 이해관계에 따른 잡음은 있지만, 인류의 생존 문제이므로 지구를 살려야 한다는 큰 흐름은 바뀌지 않을 것이다.

2020년 정부는 코로나19 사태로 침체된 경기를 회복하고 구조적 대전환을 기하고자 한국판 뉴딜 종합계획을 확정 발표했다. 디지털 뉴딜, 그린 뉴딜, 안전망 강화라는 세 가지 섹터로 구분되는데, 그중 그린 뉴딜은 세계적 기후변화에 대한 대응과 맥을 같이 한다. 도시·공간·생활 인프라의 녹색 전환, 저탄소, 분산형 에너지 확산, 그리고 녹색산업 혁신 생태계를 구축으로 구성되었다.

정부의 이러한 정책에 맞추어 기업들도 풍력과 태양광 발전 사업, 수소차 등 친환경 모빌리티 사업에 적극 참여하고 있다. 또한 지속가능한 발전을 위한 기업과 투자의 사회적 책임이 중요해지면서 금융기관이 ESG(Environment: 환경, Social: 사회적 책임, Governance: 지배 구조 등 기업의 비재무적 요소) 지표를 기업의 가치를 평가하는 요소로 활용하는 사례가 늘고 있다. 2020년 말에는 우리나라 최대 투자자인 국민연금이 향후 2년 내 ESG 요소를 반영한 투자를 최대 50%까지 늘리겠다고 했다. 또한 국내 모 대기업은 사용 전력의 100%를 신재생에너지로 대체하는 RE100 위원회에 가입 신청서를 제출했다고 한다.

지구를 살리기 위한 대의 속에서 조경의 대응 방법으로는 어떤 것이 있을까. 기후변화의 주된 원인이 인간의 자연에 대한 과도한 개발과 화석원료 사용이라면, 역으로 개발 이전 단계로 돌려놓거나 최소한 이와 유사하게 하는 것에서 조경의 역할을 찾을 수 있지 않을까 한다. 이와 맥락을 같이하는 노력이 최근 10년 동안 '저영향개발'이라는 용어로 환경부 등 여러 기관과 민간에서 이루어졌다. 저영향개발LID(Low Impact Development)은 인간이 개발로 초래한 물 순환 수지를 개발 이전의 자연 상태로 회복하고자 하는 노력이며, 동시에 개발 시에는 자연의 물 순환에 미치는 영향을 최소화하고자 하는 기법이다.

저영향개발은 기존의 조경설계 철학 및 기법과 맥을 같이 하므로 다른 어떤 분야보다 조경이 많은 기여를 할 수 있다고 본다. 이미 미국과 유럽의 조경 분야가 다양한 시도와 결과를 통해 성과를 보여준 방법이기도 하다. 국내 몇몇 조경 업체가 이미 시도하고 있지만, 조경 분야 전반이 큰 역할을 하기 위해서는 물수지에 대한 공학적 이해, 아름다운 경관에서 지속가능한 경관으로의 변화, 사후 유지관리에 대한 보다 많은 관심과 노력이 필요하다.

46억 년 전 태양계 탄생과 더불어 지구가 태어나고 천우신조로 태양계 내에서 유일하게 에코 시스템이 유지되고 있는 지구. 복 받은 이곳 지구를 후손들에게 안정된 시스템으로 물려주는 게 현 지구인의 의무다. 만약 당신이 지금 저영향개발에 관심과 노력을 기울이고 있다면, 이미 당신은 지구를 지키는 일에 동참하고 있는 것이다.

그린 유토피아, 지구적 재난 극복을 위한 미래 도시

임승빈

기후변화와 팬데믹을 겪으면서 지구적 재난을 극복할 수 있는 새로운 도시에 대한 열망이 커지고 있다. 기후변화와 팬데믹의 가장 근본적 원인은 19세기 초 산업혁명 시기에 10억 명에서 21세기 들어 78억 명으로 급속도로 팽창한 세계 인구의 증가라고 할 수 있다. 인구 증가는 에너지 소비, 식량 생산과 더불어 주택, 공장, 도로 등 도시 건설의 폭발적 증가로 이어졌다. 이 과정에서 이산화탄소의 과다한 발생이 기후변화를 초래했으며, 도시에서 배출되는 오염물질과 플라스틱 등 쓰레기는 지구 자정 능력을 훨씬 초과해 지구를 오염시키고 있다. 또한 많은 과학자는 각종 개발로 인한 야생동물 서식지 파괴가 갈 곳 없는 야생동물의 잦은 주거지 출몰로 이어져 동물의 각종 바이러스가 인간에 옮겨져 팬데믹으로 이어졌다고 진단한다. 스콧 고틀리브전 미국 FDA 국장은 다음번 팬데믹은 핵무기나 생화학무기 수준의 안보 위협이 될 것이라고 경고한 바 있다.

이러한 지구적 재난 극복을 위해서는 인류가 지금까지 당연시 해온 경제 성장 일변도의 관행에서 벗어나 녹색 생활, 녹색 성장, 녹색 도시, 녹색 지구를 지향하는 '녹색 이상도시Green Utopia' 구현을 위한 혁신적 노력을 기울여야 한다. 이를 위해 도시의 물리적 공간의 혁신뿐 아니라 도시인의 생활 관습과 가치관의 근본적 전환이 필요하다.

경제와 환경 그리고 행복 지수의 균형을 지향하는 녹색 성장

국민소득이 높다고 해서 행복 지수가 반드시 높지는 않다는 점이 이미 여러 연구와 통계에서 드러났다. 물질 지향적 성장은 많은 경우 환경 오염과 빈부 격차, 계층 간 불균형을 초래하고 위화감을 불러일으킨다. 물질적 풍요가 인류의 행복을 보장해주기보다 오히려 독이 되는 경우도 많이 볼 수 있다. 따라서 국민소득과 지구 환경 그리고 국민 행복 지수의 균형을 지향하는 '녹색 균형 성장'에 국가 경영의 초점을 맞춰야 한다.

지구상 적정 인구의 유지

한정된 지구 자원을 생각한다면 인구 증가보다는 적정 인구 유지에 초점을 맞춰야 한다. 자연생태계에서 종의 개체 수는 먹이연쇄에 의해 일정 수준을 유지하게 마련이다. 그러나 인간은 먹이연쇄에서 최상위를 점하고 있으므로 천적이 없어 개체 수 조절이 안 된다. 특히 산업혁명 이후 인구가 급속히 증가해 한정된 지구 자원에 비해 과다한 인구가 지구상에 사는 것이 오늘날 지구적 재난의 주요 원인 가운데 하나라 할 수 있다. 지구적 관점에서 본다면, 인구 증가율이 둔화하고 있는 선진국에서 자국의 출산율을 높이는 대신 인구 증가율이 상대적으로 높은 개발도 상국들이 출산율을 낮출 수 있도록 돕는 것이 인구 증가가 완화되는 효과를 낳을 수 있을 것이며, 지구적 재난의 근본적 해결에 다가갈 수 있을 것이다. 우리나라도 효과 없는 출산 장려 정책에 매년 수십조 원을 지출하기보다는 이를 외국인 노동력 수입과 이민 개방, 소득 격차 해소 등에 투자해 적정 '녹색 인구 지수'를 지향하는 방향으로 정책 전환을 고려할 필요가 있다.

보릿고개 시절 녹색 소비 운동의 재개

국민소득 증가에 따라 경제 활성화 측면에서 '소비는 미덕이다' 라는 캠페인을 시행한 적이 있었는데, 이제는 다시 1960~70년 대의 소비 절약 정신을 강조해야 할 시점이라 생각한다. 6.25 전쟁 후 보릿고개 시대에 쌀 한 톨, 수돗물 한 방울 아껴야 했던 때의 절약 정신을 되살려 지구 자원의 지속가능성과 환경의 자정 능력 범위 내에서 '녹색 소비'를 위한 절약을 실천해야 한다. 한정된 지구 자원을 후속 세대와 함께 지속해서 사용하기 위한 에너지 절약, 그리고 건강한 지구 환경을 위한 쓰레기 배출 감소 운동과 탄소중립 운동을 적극적으로 펼쳐야 한다.

녹색 프로슈머 생활의 일상화

스스로 생산해서 소비하는 '녹색 프로슈머pro+sumer 생활'을 일상화하는 것이 필요하다. 즉 주택 마당 혹은 아파트 발코니의 텃밭 또는 상자 텃밭에서 채소를 자급자족하는 도시농업 활성화가 필요하다. 이를 통해 생산지로부터 소비지로 운송하는 동선을 줄여 탄소발자국(이산화탄소 발생량)을 줄임으로써 지구 온난화 추세를 늦추는 데 기여할 수 있다. 흙, 물, 식물을 다루는 도시 농업 활동 자체가 도시인의 육체뿐 아니라 정신적 건강 증진에도 큰 도움이 된다. 더 나아가 폐품을 재활용하는 DIY를 생활화하고 자원 순환 정책을 적극 추진한다면 쓰레기가 감소되어 환경 오염을 줄이는 데에도 크게 기여할 수 있다.

채식 중심의 녹색 식생활

증가하는 육식 수요를 맞추기 위한 비윤리적, 비위생적 밀집 사육으로 고병원성 조류인플루엔자AI, 아프리카돼지열병 등 동물 전염병이 발생하고, 전염 방지를 위한 대량 살처분과 매립이 시행되어 장기적으로 토양 및 지하수 오염이 우려된다. 또한 가축 사료 생산을 위한 농지 증가로 숲이 파괴되었으며 비료 살포로 인해 환경 오염이 증가했다. 따라서 채식과의 균형을 맞추는 '녹색 식생활'을 실천해 전염병을 줄이고 환경도 보호해야 한다. 만약 우리가 모두 채식을 한다면 현재 식량 공급을 위한 토지의 25%만 사용해도 충분하다고 한다.

무생명 도시를 생명이 숨 쉬는 녹색 도시로

산업혁명 후 세계 인구가 지구 생태계의 수용 한계를 넘어 급속도로 증가하면서 도시로의 인구 집중과 무분별한 도시 확장으로 이어졌으며, 지구의 허파라 할 수 있는 자연 녹지가 잠식되어 도시는 콘크리트 정글로 바뀌었다. 과밀 도시를 유지하기 위한 화석연료의 사용은 지구 자정 능력을 훨씬 초과하는 탄산가스를 배출함으로써 지구 온난화가 가속화되고 있으며 기후변화가 심각한 정도에 이르게 되었다. 지금 와서 도시를 자연 상태로 되돌리는 것은 거의 불가능하므로 녹화를 통해 도시를 최대한 자연 상태와 가깝게 만드는 노력을 해야 한다. 도시 내 자투리땅을 빠짐없이 녹화함은 물론이고 건물의 옥상, 벽면, 실내, 그리고 빛이 닿지 않는 지하까지 도시 전체를 녹화해서 어디를 가도 녹지가 시야에 펼쳐지는 녹시율(시야에서 차지하는 녹의 면적 비율) 100%의 '녹색 도시'로 만들어야 한다.

인간적 규모의 녹색 근린 커뮤니티 활성화

미래 도시에서 팬데믹과 고령자 증가 등으로 인해 집 중심으로 활동 반경이 좁아지게 된다면 외부와 단절된 삶이 되어 소속감과 친근감을 느낄 수 있는 행복한 공동체가 되기 어렵다. 따라서 동별 혹은 층별로 친인간적 소규모 단위로 녹지를 중심으로 한 '녹색 근린 커뮤니티' 공간을 구성하고, 활동 프로그램을 운영하는 등의 노력이 필요하다. 활동 반경이 좁아지는 팬데믹과 초고령 사회에 대비하기 위해 대규모 공원보다는 마을마당, 쌈지공원 등 생활권 녹지를 중심으로 한 녹색 근린 커뮤니티의 필요성이 높아지고 있다. 생활권 녹지를 어린이 놀이터와 연계해 친인간적 소규모 만남의 기회를 제공한다면, 실내에만 머무르지 않고 안전하고 건강하게 골목 문화를 즐기며 이웃과 소통할 기회가 생겨 팬데믹 시기에도 안전하게 옥외에 체류할 수 있는 시간의 증대에 기여할 수 있다. 더 나아가 모종린 교수가 말하는 '슬세권'(슬리퍼를 신고 활동할 수 있는 범위)의 매력적 골목 문화를 활성화해 다양성과 소속감 높은 녹색 주거단지를 구성할 필요가 있다. 최근 우리나라뿐 아니라 미국, 중국 등에서 부상하고 있는 스타트업계의 하이퍼 로컬(동네 상권을 중심으로 한 온라인 서비스)은 동네별로 특화된 정보, 구매 등의 서비스를 제공하고 있는데, 이는 미래 도시에서 등장할 골목 문화의 한 단면을 보여준다.

지금까지 드러난 지구적 재난을 초래한 제반 문제를 과학의 발전이 해결해줄 것이라는 낙관적 기대도 있지만, 과학이 지구 생태계 회복을 위한 근본적 해결책을 제시하기에는 한계가 있다. 전 세계 국가와 국민이 문제의 심각성을 공유하고 함께 문제 해결에 지혜를 모아야 할 것이다. 지구상의 인류가 그동안의 생활 방식과 가치관을 근본적으로 바꾸어 새로운 방향으로 나아가지 않는다면, 우리에게 닥친 기후변화와 팬데믹 등 지구적 재난을 극복하기 어려울 것이다. 최재천 교수는 "지구의 기후변화는 인류를 멸망시킬 수도 있다"고 말한다. 영화 '인터스텔라'에서처럼 지구 바깥 다른 위성으로 이주하는 자만이 살아남는 시나리오가 현실이 될 수도 있을 것이다.

　인간의 미래는 결국 자연에 달려 있다. 지구적 재난 극복을 위해서는 지구 생태계의 복원과 기후변화 대응 노력이 필수적이며, 이는 '녹색 이상도시'가 지향하는 방향이다. 인류는 더 늦기 전에 녹색 균형 성장, 녹색 인구 지수, 녹색 소비, 녹색 프로슈머 생활, 녹색 식생활, 녹색 도시, 녹색 그린 커뮤니티 구현을 위한 행동에 나서야 한다.

글쓴이들

강철기 경상국립대학교 명예교수

권영휴 한국농수산대학교 조경학과 교수

김경인 브이아이랜드 소장

김대수 전 대전과학기술대학교 도시환경조경과 교수

김대현 대전과학기술대학교 도시환경조경과 교수

김승환 국가도시공원 전국민관네트워크 상임대표

김영민 서울시립대학교 조경학과 교수

김인호 국가환경교육센터 센터장

김진수 랜드아키생태조경 대표이사

남기준 환경과조경 편집장

박명권 그룹한 어소시에이트 회장

박희성 서울시립대학교 서울학연구소 연구교수

배정한 서울대학교 조경·지역시스템공학부 교수

서영애 기술사사무소 이수 소장

손학기 한국농촌경제연구원 연구위원

신지훈 단국대학교 녹지조경학과 교수

안승홍 한경국립대학교 조경학과 교수

안인숙 안스그린월드 대표

양병이 서울대학교 환경대학원 명예교수

오충현 동국대학교 바이오환경과학과 교수

유승종 LIVESCAPE 소장

이근향 한국식물원수목원협회 이사

이성현 푸르네 대표정원사

이애란 청주대학교 조경도시학과 교수

이유미 서울대학교 환경대학원 교수

이유직 부산대학교 조경학과 교수

이윤주 대학생 녹색나눔봉사단 대표

이은수 노원도시농업네트워크 대표

이은희 한국기후환경네트워크 상임대표

이재준 수원시 시장

이종석 서울여자대학교 명예교수

임승빈 환경조경나눔연구원 이사장, 서울대학교 명예교수

정욱주 서울대학교 조경·지역시스템공학부 교수

정해준 계명대학교 생태조경학전공 교수

제상우 한국그린인프라연구소 부사장

조경진 서울대학교 환경대학원 교수

주신하 서울여자대학교 교수, 환경조경나눔연구원 원장

진혜영 국립수목원 과장

최영준 서울대학교 조경·지역시스템공학부 교수

최정민 순천대학교 조경학과 교수

최혜영 성균관대학교 건설환경공학부 교수

최희숙 한국토지주택공사 처장

한용택 이노블록 회장

홍광표 동국대학교 명예교수